限界都市
あなたの街が蝕まれる

日本経済新聞社 編

日経プレミアシリーズ

はじめに

「これから人口が減少していくのに、タワーマンション（超高層住宅）やオフィスビルを次々と建設しても大丈夫なのか」――。首都圏や大阪、名古屋などの主要都市で長大なクレーンが林立する開発風景を見て、こんな違和感を持った方も多いのではないだろうか。地方都市に目を転じてみると、中心市街地から離れた郊外の農地が宅地に変わり、一戸建てやアパートが無秩序に広がっている。

国立社会保障・人口問題研究所の推計によると、2015年に1億2709万人だった国内人口は2065年に8808万人まで減る。高齢化率は26・6％から38・4％に上昇し、国全体は確実に老いていく。さらに一般世帯総数5344万世帯（2015年度国勢調査）に対し、住宅の総戸数は2013年時点で6063万戸。すでに1割を超す供給過剰状態になっている。実は高度成長期の1968年の段階で住宅総数が世帯総数を上回っていた。それでも住宅建設は止まらず、そのギャップはますます広がっていった。

ところが住宅価格や地価は堅調である。不動産経済研究所によると、バブル経済期に迫る勢いでマンション販売が伸び、２０１７年の首都圏マンションの平均販売価格は前年比７・６％高い５９０８万円と、バブル崩壊以来27年ぶりの水準になった。さらに急増する訪日外国人客（インバウンド）の効果もあって、ホテル産業との土地の争奪戦が過熱し、全国的に公示地価は上がっている。２０１８年１月１日時点の公示地価（全国平均）は商業・工業・住宅の全用途で０・７％のプラスと３年連続で上昇した。地方圏も26年ぶりに上昇に転じた。３年連続で公示地価が上がるのは１９９２年以来のことだ。

こうした活況が続いているのは、アベノミクスによる金融緩和で低金利のお金がふんだんに市場に出回っていることに加え、中国など海外からのマネーが不動産市場に流入しているからだ。そして根底で支えているのは都市開発が経済成長をけん引するという政官に共通した考え方と、個人の新築持ち家信仰である。不動産開発会社（デベロッパー）は土地を仕込んで、そこに大きなマンションや住宅を建て、売りさばく。回収した資金を使って、別の場所で開発を進める。国や自治体は容積率の緩和を通じて、建物の超高層化を常に後押ししてきた。「やめられない、止まらない」という言い回しが今の都市開発にはぴったりと合う。

一方では「都市のスポンジ化」が確実に進行している。都市面積が拡大しているのに人口が減少しているため、既存の市街地で空き家や空き地が小さな穴があくように次々と顕在化し、都市密度が下がっていっているのだ。スポンジ化が進むと、行政サービスの効率が悪化し、都市機能は落ちていく。国や自治体は都市密度を適度に保つために住宅や都市機能を中心部に集約するコンパクトシティー政策を推し進めるが、過度に強制力を働かせるわけにもいかず、いっこうに前に進まない。むしろ住民を獲得するために、本来開発を抑制すべき地域でも商業施設や住宅の建設を容認している自治体は多い。

マンションの老朽問題も深刻になってきた。高度経済成長期に開発された東京の多摩ニュータウンのように、築40年を超えた団地群は住民の高齢化によって、急速に活力を失っていった。東京湾岸地区に林立するタワーマンション群は同じ道をたどらないだろうか。老朽マンションの建て替えは、区分所有権を持つ住民の合意形成のハードルが極めて高く、成功例はわずかだ。老朽マンションは防災・防犯の観点からもリスクは大きく、早急に対策を講じなければならない問題である。

１９６８年の都市計画法制定から半世紀。都市開発は50年、１００年の計のはずだが、短期的な思考に陥っていないか。２０００年の地方分権改革で都市計画を決める主体は都道府県から基礎自治体である市町村に移った。都市計画分野は「地方分権の優等生」と評されたが、各自治体や企業にとって正しい判断をしているようでも、全体では間違った方向に進んでいるのではないだろうか。

日本経済新聞社の編集局では２０１７年４月に部横断的な調査報道チームを立ち上げた。政府や自治体、企業が明らかにしていない、あるいは自らも認識していない重要な事実を掘り起こす調査報道を強化するのが目的だ。オープンになっている統計データや独自入手したデータを新しい切り口で分析し、埋もれた事実を浮かび上がらせるデータジャーナリズムの手法も実践する。このチームが都市問題に着手したのは発足から半年あまりのころだ。本格的な人口減少、超高齢社会の到来と、高度経済成長期の手法で拡張し続ける都市の現状に大きなギャップを感じ、その持続性に疑問を抱いたのが出発点だった。

取材の成果を最初に報じたのは２０１８年３月。「限界都市」というシリーズ名を冠した。過疎化などで住民の半分以上が高齢者となり、働き手がいなくなる「限界集落」という言葉になぞらえた。いまは活気を見せているような大都市でも、水面下ではすでに限界に来ているのではないか。シリーズ名にはこうした問題意識を込めている。

東京都の都市開発を長年担ってきた取材先の一人は「都市開発は価値観のぶつかり合いだ」と言った。ハイグレードなマンションや商業ビルが集積した都市を好む人もいれば、風情のある低層住宅や小さな商店が立ち並ぶ下町を好む人もいる。もちろん価値観は多種多様であるべきで、その方がまちに活力が生まれる。これからの都市計画で重きを置くべきなのは、私たちの子どもの世代にとって負の遺産となるかどうかの判断である。

本書は日本経済新聞や日経電子版に掲載した「限界都市」シリーズの記事をベースに、紙面で紹介しきれなかったエピソードやデータを盛り込むなど、大幅に加筆・修正した。なお登場する人物の肩書などは取材時のままとした。

不都合な真実を浮き彫りにするため、本文の筆致はあえて厳しくした。目をそらさず、本書をいまの都市開発のありようを議論するきっかけとしていただければ幸いである。

2019年1月

日本経済新聞社

目次

写真提供　日本経済新聞社

第1章

タワマン乱立、不都合な未来像

多くのタワーマンションが立つ武蔵小杉駅前（川崎市）

1　「住みたい街」武蔵小杉の憂鬱

早朝の駅に長蛇の列

「住みたい街」ランキング——。多くの住宅購入希望者は不動産業者や専門メディアなどによって発信されている都市の順位づけを、一度は目にしたことがあるだろう。しかし、どれほど実態を反映しているのだろうか。ランキング上位の常連となっている、神奈川県川崎市の「新興都市」の実情を追ってみた。

2018年2月下旬の早朝。JR横須賀線の武蔵小杉駅新南改札から、駅舎を越えて数十メートルにわたり行列がのびていた。入場待ちの列は駅に隣接するマンションの敷地に及ぶ。

神奈川県の久里浜から東京駅までを結ぶ横須賀線と、川崎から立川までを結ぶJR南武線が乗り入れる武蔵小杉駅は、通勤や通学に利用する客で首都圏有数の混雑ぶりだ。にもかかわらずひとつのホームの両側に上り線と下り線がある「島式ホーム」で、通勤時間帯には人がすれ違うのもやっとになる。平日の毎朝の光景だ。

「ホームドアもなく、ホームの端すれすれを歩く人もかなりいる。いつ大きな事故が起こってもおかしくない」。住民の度重なる改善要望もあり、JR東日本横浜支社は朝の通勤時間帯に臨時の改札を設ける工事を2018年4月に完了した。

ただ抜本的な対策には程遠く、同社は隣接するNECの所有地を買収し、ホームを新設する工事にも着手することにした。駅の敷地に余裕がなかったためこれまでホーム拡張には二の足を踏んできたが、あまりの混雑ぶりに、これ以上は危険だと判断した。完成は2023年の見込みだ。利用客はそれまでの間も増え続ける見通しで、あと数年は厳しい混雑が続く。

通勤や通学だけでなく、子どもを育てる環境も厳しさが増す。

保育所に入りたくても入れない「待機児童」の数は2017年4月時点では川崎市全体でゼロだったものの、年度途中の10月は374人にのぼった。武蔵小杉のある中原区が211人で最も多い。

2018年春、第1子を保育所に預けて仕事に復帰する予定だと語っていた20代の母親は

朝の通勤時間帯、JR武蔵小杉駅では改札に入るための行列ができていた（2018年2月、川崎市中原区）

「『保活』が厳しいと聞いていたので、とにかくいろんな保育所に足を運び、20カ所以上に申し込んだ」と話していた。

市は武蔵小杉周辺の人口増加を受け、保育所の新設を進めている。認可保育所の新設や増設、認定こども園の定員増などを合わせると、２０１８年は前年に比べ預かれる子どもの数が約１６００人増えた。

だが保育所をどんどん増設するためには当然、敷地が必要だ。武蔵小杉にはもはやそういった土地が残されていないのも現実だ。

ある認可保育所の園長は「園庭がなく、周辺に公園も少ない。いくつもの近隣の保育所の児童が同じ公園で遊ぶので、いつも混んでいる」と話す。近くの公園がほかの保育園の園児でいっぱいだと、少し先の公園まで足をのばす。園児の足だと「往復で30分かかる」といい、遊びに行くのも一仕事だ。足りないのは保育所だけではなく、市は２０１９年４月、11年ぶりに小学校を新設する。

武蔵小杉はかつて不二サッシや東京機械製作所などの工場や企業のグラウンドが立ち並ぶ工業地帯だった。１９９０年代のバブル崩壊などが要因でそれらが軒並み撤退。跡地がある武蔵小杉駅の東側を中心に、不動産開発大手が主導し、約10年前から再開発が始まった。

駅前の土地の再開発は通常、そこに昔から住む数多くの地権者との交渉という壁が立ちはだかる。広大な土地の所有者が明確でしかも少ない工場跡地という特徴を持つ武蔵小杉は、デベロッパーにとって再開発に非常に適した土地だった。それが武蔵小杉の急激な開発を後押しした要因のひとつでもある。

武蔵小杉に新しく建ったタワーマンションを含む20階建て以上のマンションは11棟にのぼる。かつての工業地帯は今やタワマンが立ち並ぶ首都圏有数の街となった。中原区の人口は10年前の２００８年と比べ15％増の約25万人に増えた。

甘かった人口の見通し

川崎市はもともと、武蔵小杉の高層マンションを購入するのは「金銭的に余裕のある世代が中心で、20〜30代の若い世代は少ないだろうと考えていた」(市教育委員会)。2015年3月に策定した「川崎市子ども・子育て支援事業計画」では、市内の開発計画が目白押しだったにもかかわらず、2016年度から5歳以下の子どもが減少していくという見通しを立てていた。

ところがその見通しは甘かった。2017年5月、市は将来人口推計を上方修正。市内全7区のうち、中原区の2025年以降の人口が、前回と今回とで推計の開きが最も大きくなっている。

JR横須賀線の駅は2010年に新設されたが、2018年現在の1日の利用者数は約26万人に達し、当初見込んでいた約18万人を大きく上回る。朝の通勤時間帯に臨時の改札を設ける工事の整備費用は、隣接する南武線のホーム拡張工事との合計で億円単位にのぼった。JR東日本横浜支社の担当者は「市にも本当は拠出してほしかった」とこぼす。

こうした行政の読みの甘さに加え、局所的な人口増加を想定していない現行制度も再開発

川崎市は人口推計を上方修正した

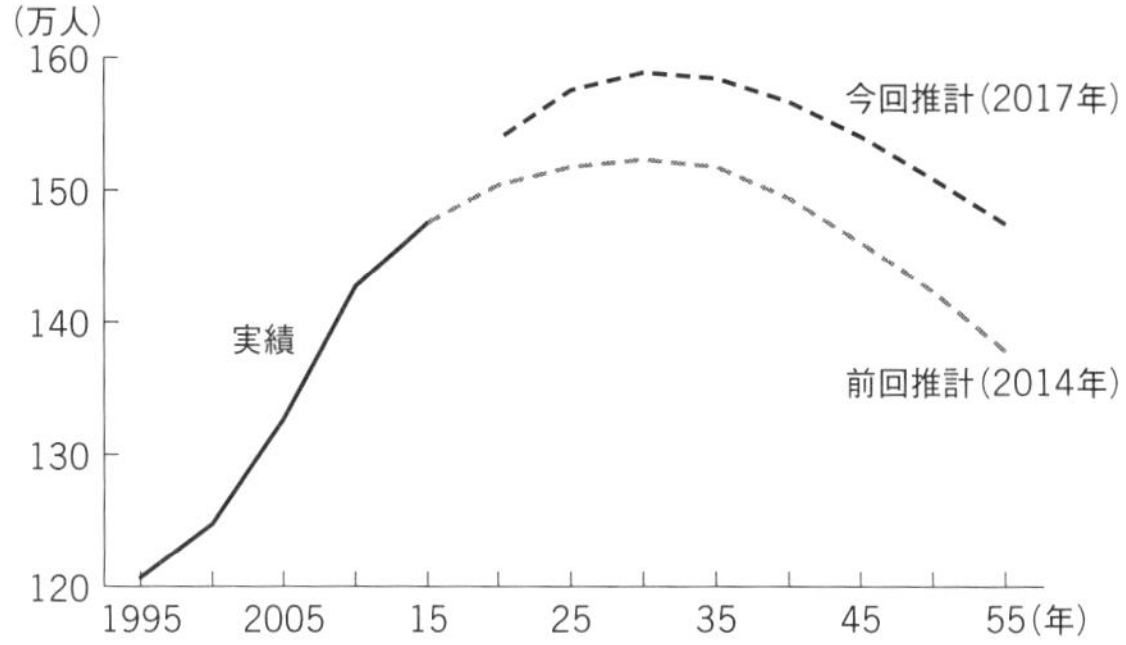

（注）実績は国勢調査、市将来人口推計による

を取り巻くひずみを生む原因になっている。

「1時間半おきに家の中が真っ暗」

武蔵小杉で現在進んでいる複数の開発計画は、これまで大規模マンションが集中していた駅東側の元々の工業地帯とやや異なり、駅の北側を中心とした住宅街が広がるエリアだ。２０１８年３月には住宅街の南に建った53階建ての超高層マンションの入居が始まった。

「日中なのに1時間半おきに家の中が真っ暗になるんです」。戸建て住宅に住む70代の女性は不満を隠さない。対になって立つ２棟のタワーマンションのほか、１９９０年代に建設された商業ビルの陰になり、冬から春にかけての時期は日中に

複数のビルやタワーマンションによる「複合日影」が新たな課題に

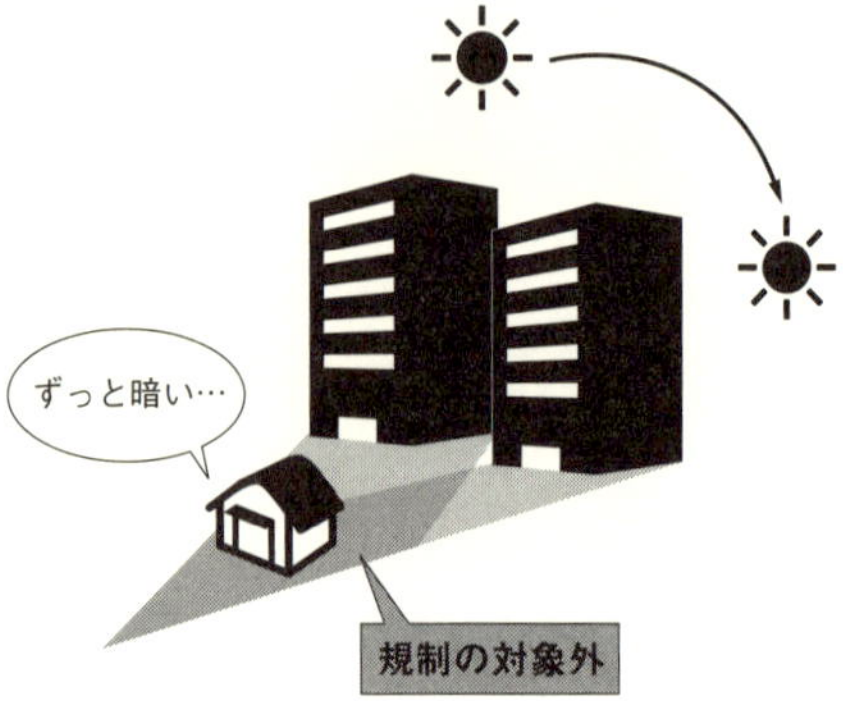

日が差すのは午前中と昼ごろの1日4時間程度に限られるという。

2棟のマンションのうち昼前に1棟目、午後に2棟目の影に入る。洗濯物を家の外に干しても乾かないので「家の中に干して暖房をつける」のだという。マンションの影に入ると家の中は真っ暗に。南向きの窓がある部屋でも、電気をつけなければならないほど暗い。

川崎市は建築基準法の「日影規制」の規定を基に、ビルやマンションで生じる日陰が一定の時間を超えないよう条例で制限を設けている。ただ、建築基準法によるとそれぞれの開発計画が個別に条件をクリアしていればよいため、複数のビルやタワーマンションの陰になって日の入らない時間が増える

「複合日影」は規制されない。

日影規制は１９７６年の建築基準法の改正で導入されたが、現在のようにひとつの地域に複数のタワーマンションが建つようなケースは想定されていなかった。時代に合わない現行規制が地域の環境に悪影響を及ぼしており、早急な改善が望まれる。

住宅街エリアの東側にある私立医大病院の敷地ではさらに２棟のタワーマンションの建設計画があり、女性は「東側の窓からは全く日が入らなくなりそうだ」と嘆く。

ビル風も悩みに

「この少子高齢化時代にあって、人口が増えているんですよ。それはいいことでしょう」。川崎市の担当者は取材に対しこう語った。現在の全国の自治体にとっていかに人口獲得が命題となっているかを表す言葉だ。

だが、その人口獲得が行き過ぎれば何が起こるか。それぞれの開発計画で指定容積率の緩和を認め、タワーマンションの建設を後押ししてきた川崎市だが、人口急増への対応が後手に回っているのは明らかだ。

市は2018年4月、JR武蔵小杉駅の混雑緩和に対応する課長級ポストをようやく新設した。だが市民有志でつくる「小杉・丸子まちづくりの会」の橋本稔事務局長は「問題は駅の混雑だけではない。非常に様々な分野にわたっている」と指摘する。

同会が2017年、地域の住民を対象に実施したアンケートでは、高層マンションや商業ビルに囲まれた場所で吹くビル風が強く困っているとの回答も多くを占めた。周辺住民によると「風にあおられてこけたり、怪我をしたりする通行人が後を絶たない」という。

快適な住環境の確保だけではない。武蔵小杉では地区の住民が地域社会の融和、ソフト面でも苦心している。自治活動をめぐり、大量に転居してくるマンション住民同士、そして周辺住民との間に溝が生まれているのだ。約10年前に市が主導してNPO法人を立ち上げ、それを軸に健全な地域社会の醸成を試みたが、開発が急ピッチに進むなかで壁にぶち当たった。

「お隣さん」との会話なく

「同じマンションで知り合いができない」

「近所の人と気軽にお茶を飲める場所がほしい」

ＮＰＯ法人「小杉駅周辺エリアマネジメント」が月１回開催する「ちょっと小さな交流会」。仕事をリタイアした地区内のタワーマンション住民を対象に企画したものだが、目立つのは「マンション内外を問わず、同じ地域に住む人と関わりあう場所がない」というマンション住民の悲痛な声だ。

約10年前から再開発が始まった武蔵小杉に新しくできた20階建て以上のマンション11棟の世帯数は合計で５０００戸を超え、これらの大規模マンションだけで２万人規模が住んでいるとされる。少子高齢化と人口減少が進む今や、これだけの人口がいれば立派な自治体規模だ。それにもかかわらず、「お隣さん」との交流は希薄化する一方のように見える。

タワーマンションはその多くがセキュリティー機能の充実をうたうが、交流会の出席者は「戸建て住宅のようにお隣さんと日常的に会話を交わす機会がない」と嘆く。武蔵小杉に限らないが、マンションによっては不審者対策として「住民同士で声をかけないように」と〝お触れ〟を出しているケースもあるという。タワーマンションならではのサービスや設備が、住民の融和をそいでいるというのは皮肉な結果だ。

こうした状況を生む背景には別の要因もある。工業地帯の再開発で建てられた武蔵小杉のタワーマンションには、日本の各地で地域単位の交流の場として根付いている「自治会（町会）」がないのだ。

地域の夏祭りなどのイベント、自治体の広報紙の配布作業などは日本の地域社会では通常、自治会単位でなされる。自治会は地域ごとにつくる任意の組織だが、代表者は自治体の主催する会議に出席を求められ、賛否両論はあるものの、実質的に行政の末端組織に組み込まれて機能しているのが実態だ。それだけに働き盛りの世帯には負担が重い点もよく指摘されており、最近は武蔵小杉だけでなく、都心のマンションをみても自治会に加入しない世帯は多い。

「小杉駅周辺エリアマネジメント」は自治会の機能を代替するために、川崎市が主導して2007年に発足した。様々な世代を対象にしたイベントを主催し、マンション住民同士の交流を促すだけでなく、既存の住宅街にある自治会とも協力し武蔵小杉地区を活性化させていくのが目標だ。現在は地区内の大規模マンション9棟が加盟している。

そのイベントのひとつで、乳幼児と親が集う「パパママパーク」にいつも参加している育

タワーマンションの一角でNPO法人小杉駅周辺エリアマネジメントが定期的に開く交流会（川崎市中原区）

児休業中の20代の女性は、「子どもとずっと2人でいるより、こうした機会があると助かる」と話す。10年前は再開発地区のコミュニティーの新しい枠組みとして全国の街づくりの関係者から注目を集めた。

しかし、このＮＰＯ法人もいま岐路を迎えている。主にマンション住民から会費を集める一方、ＮＰＯ法人という性質上、広域に還元しなければならないという構造的な課題にマンション側から異論が上がっているのだ。

たとえばＮＰＯ法人の資金で防犯カメラを地域に設置しようとしたときは、タワーマンション住民側から異論が出て頓挫した。

ＮＰＯ法人の安藤均理事長によると、運営資金のほとんどをマンション住民からの会費で賄っているため「『自分たちに還元してほしい』という意見が強くなっている」という。武蔵小杉の再開発が始まって10年あまり。「当時の想定より大規模マンションが増えた。当初の目的をより効果的に果たせるよう、法人のあり方を再考する時期にきている」。安藤理事長の悩みは深い。

高齢化する既存自治会

かたや古くから武蔵小杉地区に住む人からみれば、マンション住民とのあつれきは無視できなくなっている。

昔ながらの商店が軒を連ねる「小杉3丁目」。この地域の自治会の五十嵐俊男会長は「大きなマンションができると聞いて最初は喜んだが、実際はマンションに住む人は大型店に行ってしまう」と嘆く。

一方で町内の盆踊り大会にはタワーマンションに住む人が来るようになり、参加者が数百人から2万人以上に一気に増えた。それでも「タワーマンション住民が運営を手伝ってくれるわけではない」という。

自治会の運営は火の車だ。五十嵐会長は75歳。自治会に加入するのは700世帯ほどだが、実際に運営に携わるのは数人で、いずれも高齢だ。「自治会の跡継ぎがいない。地域にはこんなに住民が増えているのに皮肉だが、自治会はあと5年と持たないと思う」

マンション住民でつくる組織としては管理組合があるが、管理組合は区分所有法に基づき建物の管理をするために設ける団体だ。コミュニティーを構築したり、マンションを代表して地域の課題解決に携わったりするための団体ではそもそもない。管理組合とは別にマンション単体で自治会を組織する事例もあるが、管理組合は区分所有者全員が構成員で、自治会は任意加入であるという違いがある。それぞれ別の会計処理が必要となるなど手間がかかるため、敬遠されがちだ。

千葉市で新しい試み

大規模マンションでコミュニティーを育む試行錯誤が続く中、参考になる事例が千葉市にある。

市は2013年から管理組合が自治会も兼ねられるようにした。市民自治推進課によると

「マンションにも自治会に入ってほしいので苦肉の策」だというが、この制度を利用して自治会を発足させた400戸超、約1200人の住むマンション「ブラウシア」の牧野強理事長は「単なる管理組合とは違い、今まで入ってこなかった行政の情報が得られるようになった」という。さらに「地域の代表として行政に意見が言いやすくなった」とも語る。

そのひとつが羽田空港行きリムジンバスのバス停誘致活動だ。ブラウシアの最寄りのJR京葉線千葉みなと駅にはリムジンバスの停留所がそれまでなく、住民からの要望が強かった。ダイヤ改正とともにバス停を設置するよう、ブラウシアの自治会が千葉市やバス会社に働きかけを続け、2017年7月に実現した。「管理組合ではこういう活動はできない。自治会だからできた」と牧野理事長は振り返る。

今や不動産業者による各種の「住みたい街」ランキング上位の常連である武蔵小杉は、日本の大規模マンション集中地区の縮図でもある。同じような問題を抱える地域は都市のいたるところにある。その憧れの街というイメージを維持し、より住みやすい街に発展させるには、住環境のハード面はもちろんコミュニティーというソフト面を改善する工夫を行政や住民が講じていく必要がある。

2　児童があふれる小学校

タワマンは東京湾岸地区に集中

武蔵小杉で乱立しているタワーマンションとは、いったいどのような高層住宅を指すのか。

実は国が定めた定義はないが、一般的に高さ60メートル以上で20階建て以上のマンションを指す。周辺に誰でも利用できる緑地や空間を設けるなどして容積率の緩和を受け、超高層を実現する。大浴場やパーティールームなど豪華な共用施設が売り物の物件も多く、都心の高層階は「億ション」も多い。

19階建てながら1971年完成の「三田綱町パークマンション」（東京・港）が第1号とされる。廊下など共用部を容積率の計算対象から外した1997年の建築基準法改正を機に建設ラッシュになった。

同じ床面積なら固定資産税額は同額だったため、富裕層が相続時の節税目的で高層階を買う「タワマン節税」も一時活発化。2017年度の税制改正で上層階になるほど税額を増やすことを決めたが、さほど影響はなく、現在は全国で約1400棟、38万戸が供給されている。

東京4区の学校整備費、10年で22倍に膨張

首都圏でタワーマンションが集中して立地しているのは東京都の中央、港、江東、品川の湾岸4区だ。こうした地域も武蔵小杉と似たような負の側面が浮き上がってきた。

そのひとつとして注目したのは教育現場だ。日本経済新聞が2008~17年度の湾岸4区の公立小学校（一貫校の場合は併設中学、幼稚園を含む）の児童数と新築・増改築費用を調べたところ、累計856億円に達し、その前の10年間の22倍に膨張したことが分かった。耐震補強など児童増以外の目的のみのために実施した整備費は含んでいない。

運動場の広さには児童数に応じて文部科学省が定めた「設置基準」があるが、児童増の影響で8割の学校が適切な広さを確保できていないことも判明した。

4区合計の児童数は1998~2002年度の5年間はほぼ横ばいだったが、その後は

規制緩和でタワマンの総戸数が急増

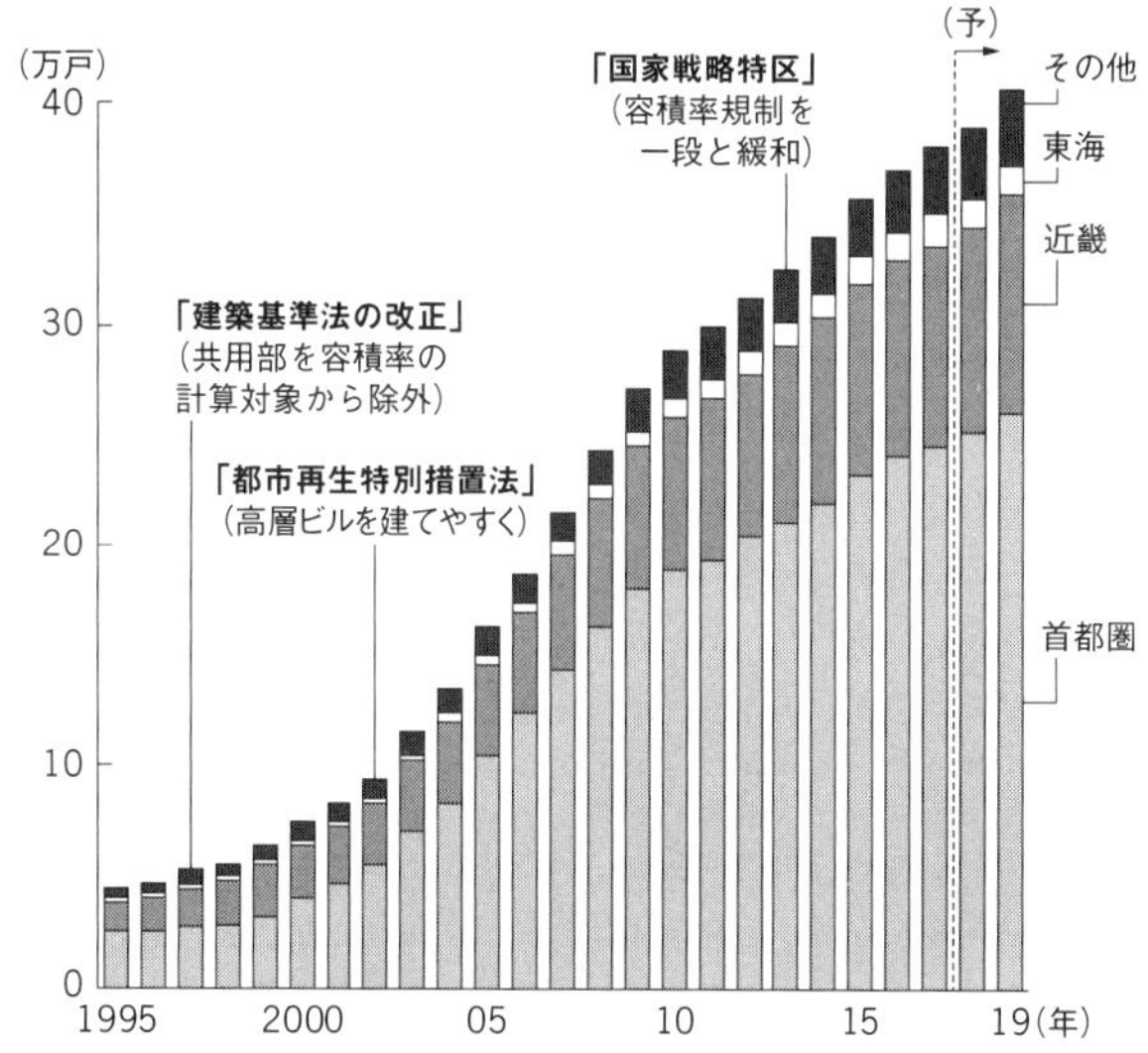

(注) 不動産情報会社のグルーヴ・アールのデータを基に作成

徐々に増加。タワーマンションの建設ラッシュが続く２００８年度からの直近10年間でみると、公立小の児童数は中央区と港区が４割、江東区が３割、品川区が２割増加。４区の合計で１万３千人増えた。

この増え方は想定外だった。児童数の増加に伴い校舎の新築や増築にかかった整備費は、１９９８～２００７年度は江東、品川の２区が計39億円を投じただけだったが、２００８～12年度は４区で計３９１億円に

タワーマンションは湾岸地区に集中
(東京23区と川崎4区の供給数)

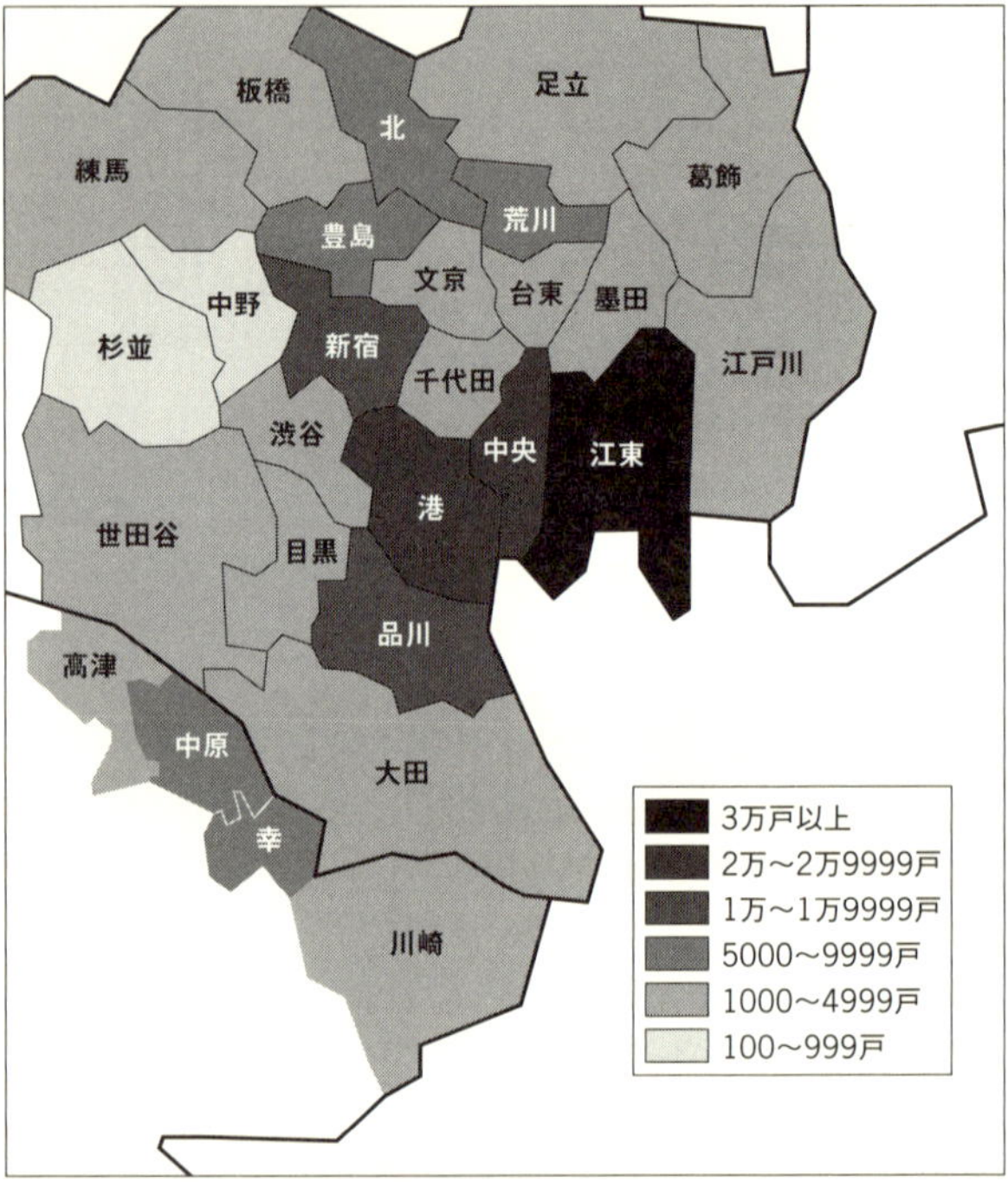

(注) グルーヴ・アールのデータを基に作成

東京湾岸4区の公立小児童数

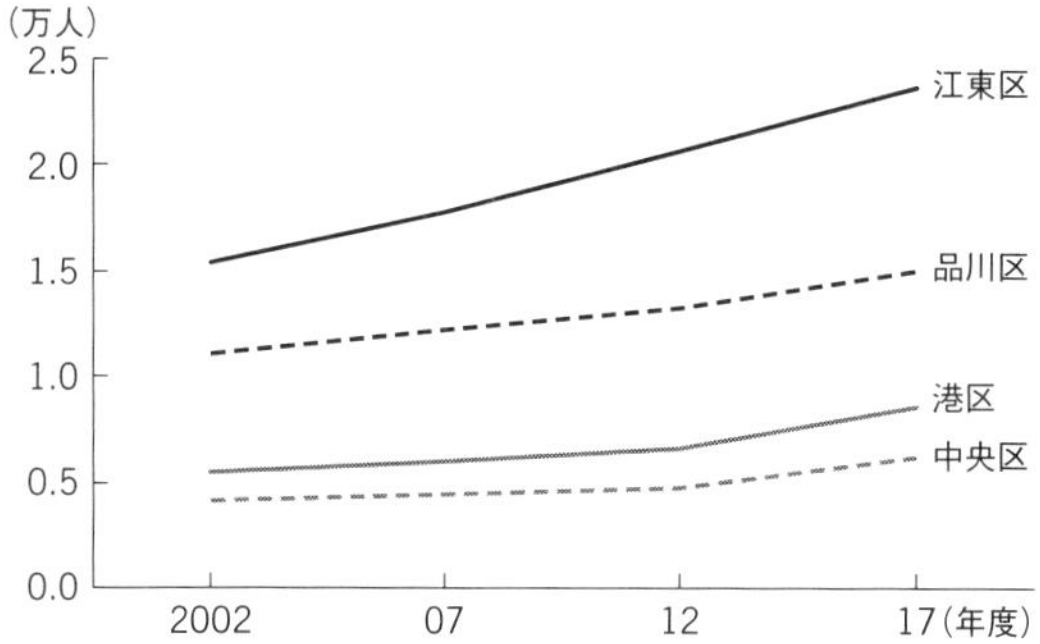

(注) 最終年度の人数、都の学校基本統計による

跳ね上がり、２０１３～17年度は４６５億円とさらに上乗せされた。

２０１３～17年度に最も費用をかけたのは江東区の１５９億円で、２００８～12年度の１４１億円に比べ13％増えた。２００８～12年度、２０１３～17年度の各期間に小学校を１校ずつ新設し、それぞれの期間に増築した学校は４校から８校に増えた。「それぞれの学校が児童を収容できるかどうかはマンション開発の時期に大きく左右される。もう少し先だと思っていた大規模マンションの建設が早まり、増築せざるを得ない学校があった」。江東区の担当者はこう解説する。

１９９８年度から２００７年度まで整備費がゼロだった中央区は２０１３～17年度に２００８～

公立小学校の増改築・新築費用

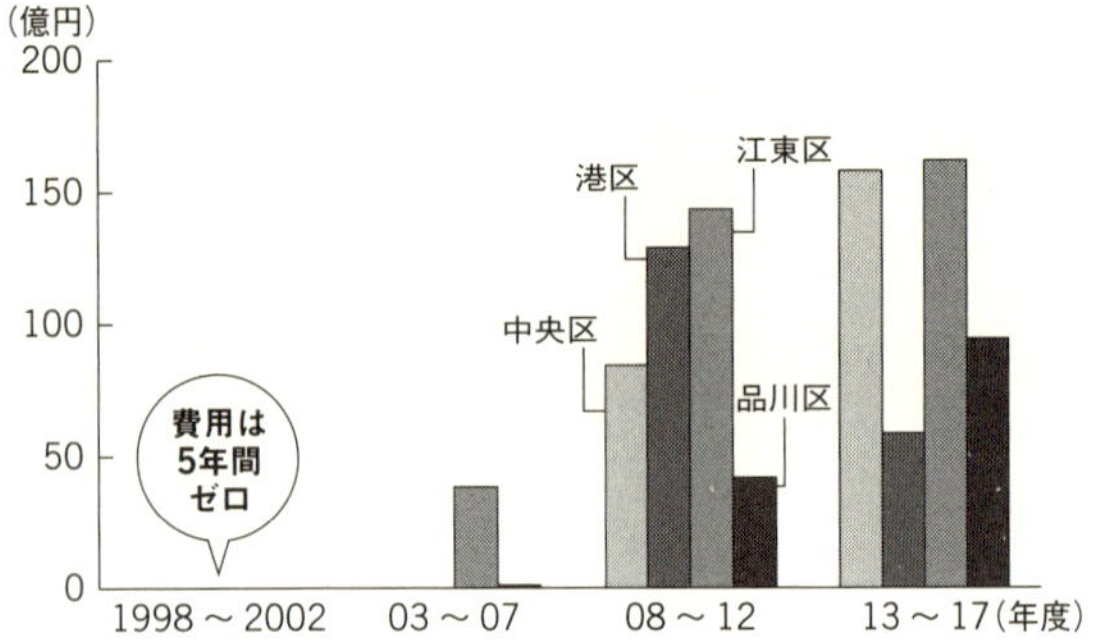

(注) 一部併設幼稚園などを含む。老朽対策や耐震のみの費用は含まない

12年度比87％増の155億円を投資し、それぞれの期間に増築したのは2校から7校に増えた。

湾岸4区は大規模マンションの計画が今後も多く控える。港区の担当者によると「小学生の数はこの先15年ぐらい伸び続ける推計だ」という。それに伴い「これから10年は学校の増改築が続く。整備費はさらに増えそうだ」と予測している。区の人口推計を基に子どもの数の予想を算出し、それに応じて整備計画を立てている。

この10年に4区がかけた小学校の整備費は一般会計の歳出全体の約2％にあたる。人口増に加え景気の回復傾向もあり整備費の増加は税収増で賄えたが、今後は少子高齢化が加速し、児童が再び減少に転じる可能性が高い。

タワーマンションの建設に応じて増改築した校舎が余剰になれば、維持管理や統廃合の費用がかさみ、人口減少も相まって自治体の財政を圧迫することになりかねない。同じ都内でも高度成長期に完成した集合団地では学校の統廃合がすでに始まっている。

校庭、８割が設置基準満たせず

さらに悩ましいのは、敷地を広げずに校舎を増築すると児童の密度が高まり、教育環境が悪化することだ。そのしわ寄せは主に運動場にきているのが実態だ。

文部科学省が２００２年に定めた「小学校設置基準」によると、運動場の面積は児童２４０人以下で２４００平方メートル、７２１人以上は７２００平方メートル、その間は児童１人あたり10平方メートルが必要だ。これを下回っても罰則はないものの、健全な教育環境を維持するために文科省は設置基準を満たす面積を確保するよう各自治体に努力を求めている。

日本経済新聞が調べたところ4区の全小学校の8割が設置基準を満たさず、3割強が基準の半分以下の面積しかなかった。

江東区の中でも特にタワーマンションが集中する豊洲エリア。区の担当者は「急激に子どもが増え、これまでは運動場で全学年が一度にできていたことも今は学年を分けてするようにしている」と話す。

2015年度開校の豊洲西小学校（江東区）は新設校にもかかわらず、児童613人に対し運動場は2381平方メートルと基準の4割弱しかない。「休み時間に全生徒が遊ぶと危険。遊ぶ内容で場所を分けている」と副校長。児童同士が衝突しないように、ボールで遊ぶエリアや一輪車で遊ぶエリアなどに分け、曜日ごとに体育館を使う学年を指定しているという。

運動会でも保護者の応援席を運動場に設置できず、「基本的に校舎のベランダから見てもらう」（副校長）。全体の3分の1にあたる約200人が1年で増えるペース。学区内でさらにタワーマンションの建設計画があり、今後は校舎の増築も必要だ。副校長は「これまでの1年間で浸透させてきた学校のルールなどもまた新たに定着させなければならない」と生徒指導上の難しさも漏らす。

浅間竪川小（江東区）は豊洲エリアからは離れるものの、ここ10年ほど学区内で大型のマ

敷地が狭いため、休み時間の児童は学年ごとに屋上、体育館、校庭に分かれて遊ぶ（東京都江東区の浅間竪川小学校）

ンションの建設が相次いだ。児童数は10年前の2・6倍の1000人となり、休み時間は運動場、体育館、屋上を学年ごとに使い分けている。

実は浅間竪川小は2000年、児童数の減少に伴い2校を統廃合して開校した。その当時は大型マンション建設の計画はなかったのだという。いまや運動会も全校一度には開催できず「学年ごとに2部制で実施している」（同校）。

拡張余地乏しく

適切な広さの運動場を確保できない状況は東京都内に限らない。

大阪市の中心部、中央、北、西の3区も7割の学校で運動場が設置基準未満だ。中央区の中央小は児童数の増加に対応するために2015年着工で校舎を建て増した結果、教頭によると「運動場の広さが3分の2以下になった」。体育の授業や休み時間などは隣接する区の公営グラウンドも利用しているという。「体力・運動能力の全国調査で毎年課題を指摘された」といい、児童が十分に体を動かせるスペースの確保に頭を悩ませてきた。

とはいえ、大阪市の担当者によると「中心部には土地が空いているところはほとんどないのが現状だ」といい、児童数の増加への対応は同じ敷地内の校舎増築に頼らざるを得ない。

東京、大阪などの都心部の自治体はバブル期に郊外へ流出した住民を回帰させるため、市街地再開発などを通じて大規模マンション建設を後押ししてきた。2000年に都市計画の権限が市区町村に移ってからは、税収増など目先のメリットから人口獲得を優先する姿勢がより強まった。

欧米主要都市は不動産開発が行き過ぎないように規制緩和の歯止めを決めている。都内でも中央区が容積率緩和を一部地域で廃止する方針に転じ、江東区は家族用マンションの戸数を規制する条例を定めたが、その政策効果は未知数だ。

都市問題に詳しい埼玉大学の岩見良太郎名誉教授は、「局所的な人口急変を防ぐため、開発地域や規模、スケジュールを制御すべきだ。それが都市計画の本来の役割だ」と指摘する。

「広域的に自治体が抱える問題を議論する必要がある」と強調するのは東京大学の村山顕人准教授だ。米国の一部都市圏では複数の自治体が土地利用などの政策を協議する仕組みがある。こうした発想は公共施設の過不足問題を克服する一助となる。

3 再開発が招く住宅供給過剰

700件のプロジェクトを徹底分析

なぜこれほどタワーマンションが次々と生まれ、しかも大規模化しているのだろうか。

その背景を探っていくと、日本の都市整備で大きな役割を担ってきた官民による市街地再開発事業が本来の法制度の目的から年々遠ざかり、住宅の大量供給に偏重していく実態が浮かび上がってきた。

端緒となったのは都市開発を専門とするある大学教授の一言だった。「自治体や国の補助金がタワマン建設を後押ししている」――。その舞台が全国各地の市街地再開発事業というのだ。

市街地再開発の根拠法が制定されたのは1969年。主要な駅前でも古い木造住宅や商店の密集地が多く、都市機能の向上を急ぐために定められた。行政だけでは時間がかかる事業を民間に委ねる手法で、自治体は公共貢献を求める一方、その要件を満たす整備費の3分の2を国と折半で補助する。

人口や経済規模が伸びる時期は極めて効果的で、集客力の高い商業施設や先進的なオフィス、公共施設をバランスよく取り込んだ。東京都港区の六本木ヒルズは成功例だ。古い建物の密集地をオフィスや店舗、広場も備える複合施設に刷新するのが本来あるべき姿なのだ。

日本経済新聞は、市街地再開発という仕組みがどのように住宅の大量供給につながっているのかを解き明かそうと試みた。公費がどれほど投入されているのかを調べるのも重要なポイントとなった。

分析対象にしたのは1991～2020年（予定含む完工ベース）の約700件の市街地

再開発事業だ。実は市街地再開発に関する政府の公式統計はない。業界の関係者に聞くと、公益社団法人の全国市街地再開発協会（東京・千代田）が発行しているデータブックや機関紙に全国各地の再開発事業の詳細が記されており、これが最も信頼されている資料なのだという。

記者が資料を閲覧すると、全国各地の整備計画ごとに建物や道路、広場の規模や用途、事業費、資金計画、権利関係などが明記されていた。ただし、集計しやすいデジタルデータはなく、紙の資料しかない。該当する部分をすべてコピーして持ち帰り、データをパソコンに落とし込んで分析することにした。

この30年間で再開発事業に占める住宅の比重と、そこに投じられている補助金の規模がどのように推移してきたのかを明らかにすれば、タワーマンションの乱立の背景を知ることができる。

まず各再開発事業の建物全体の延べ床面積と、そのうちの住宅部分の面積のデータを集約した。これで住宅比率を把握できる。住宅を併設する事業はその階数を調べ、タワーマンションに該当する物件を抽出できるようにした。総事業費に占める補助金の割合もはじき出した。

全国市街地再開発協会の資料には今後予定されている事業が含まれていないので、進行中、あるいはこれから着工する事業については、各自治体が公表している都市計画や独自取材を通じて必要なデータを集めた。

再開発事業のタワマン比率は5割に上昇

分析結果から浮かび上がってきたのは、やはり経済環境や人口動態の変化に伴って再開発事業が大規模マンションに偏ってきた実態だった。くだんの大学教授の指摘や日本経済新聞の仮説は正しかったのだ。

5年ごとで見ると、タワーマンションを伴う事業の件数は1991〜95年に全体の15％だったが、2016〜20年は49％と5割に接近するまで上昇することが明らかになった。こうした再開発地区の建物の延べ床面積に占める住宅部分の比率も64％と過去最高になる見込みであることも判明した。再開発によるタワーマンション供給は計9万2000戸と、現存する超高層物件の4分の1に積み上がる。

タワマン付き再開発への補助金は過去最高に

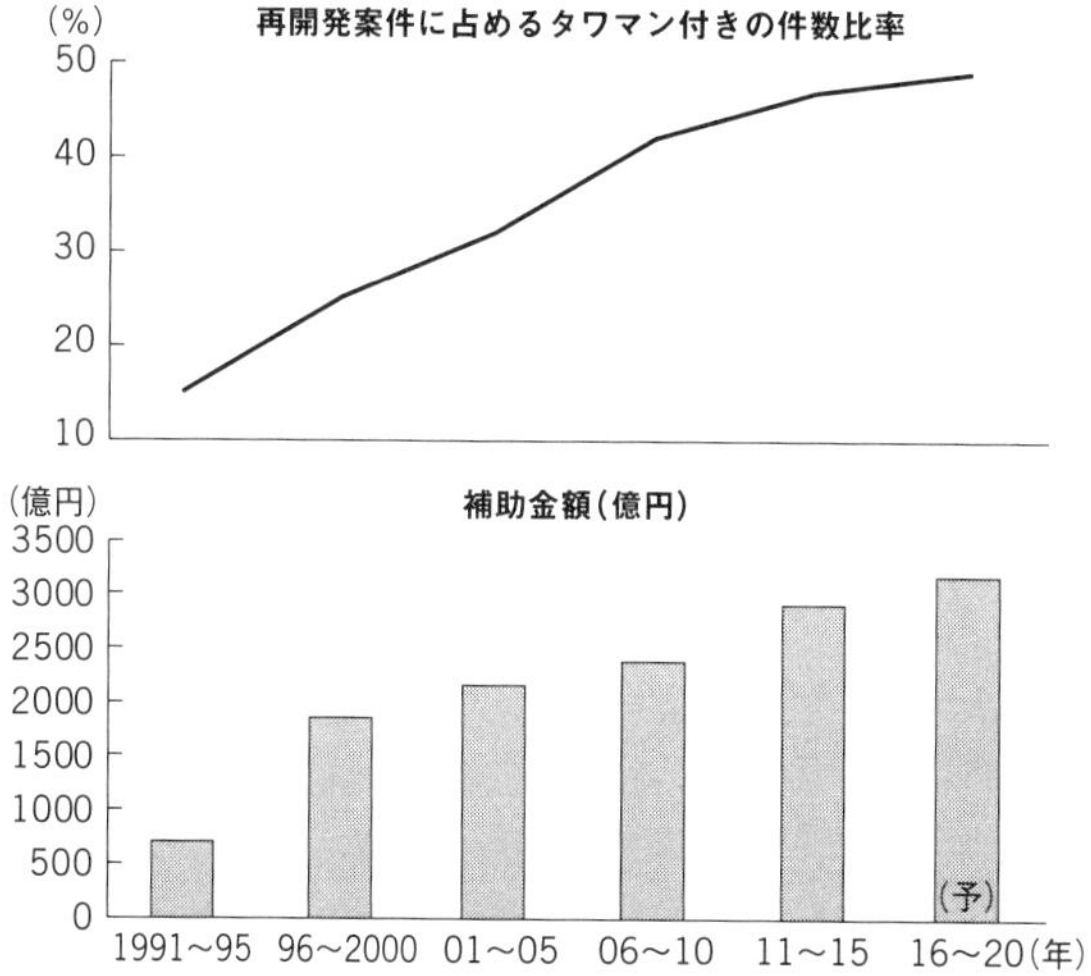

(出所) 日本経済新聞調べ

住宅偏重が進む要因はまさに市街地再開発の制度そのものにある。再開発は既存の土地・建物を集約し、より大きな建物をつくる。地権者は等価交換で「権利床」と呼ぶ新しいビルやマンションの床と土地を得る。規模を大きくしたことによって余った床部分は「保留床」といい、事業者はこれを売ることによって事業費にまわすという仕組みになっている。

今は商業分野の出店意欲が落ち込み、オフィスも飽和に近づいているが、都心居住の需要は旺盛だ。事業

市街地再開発のイメージ

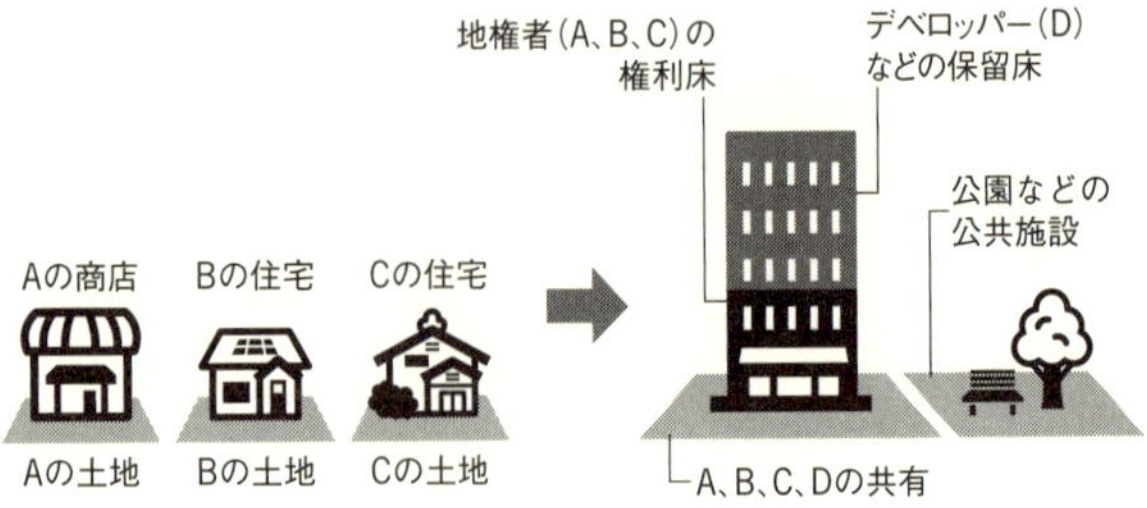

者にとっては住宅の規模を大きくすればするほど、開発利益を増やせるのだ。

東京都国分寺市の国分寺駅北口で2018年3月に完成した再開発事業は象徴的だ。2009年に計画が決まったあとに、リーマン危機の影響が拡大。想定価格で売れなくなった商業ビルをタワーマンションに衣替えした。

30年間で累計1兆3000億円の公費を投入

こうした住宅大量供給の流れをさらに加速させている要因が補助金なのだ。

2016～20年のタワーマンション併設事業への補助金は2011～15年比1割増の3200億円の見込みであることも分かった。初めて3000億円を超え、1990年代前半の4倍に達する。30年間の累計は1兆3000億円と、総事業費の2割弱を占めるようになる。

もちろん補助金はマンションの区分所有部分には出ない。既存建物の取り壊し費用や公園など共用部の工事費が対象だ。ただ、補助金で分譲価格を下げやすくなり、供給戸数を増やして開発費用を回収しやすくなる。住宅部分が膨らむ要因がここにもあるのだ。

東京23区は際立つ。30年間の補助金は計6000億円。2016〜20年はタワーマンション付き再開発1件あたりの住宅が600戸強と1990年代の3倍以上で、住宅比率も7割を超す。中央区の勝どきには1棟で1420戸の53階建てマンションが2016年末に竣工。この地区は8割超が住宅で、81億円の補助金がついた。

中央区は人口が1997年の約7万人から2018年2月の15万7000人まで回復したが、小学校の児童数がこの10年で約4割増えて教室が不足。2014〜16年度は校舎の増改築に年50億円以上を費やした。区は人口集中の是正が必要と判断、一部で住宅の容積率緩和をやめる方針に転じる。

こうした状況について専門家はどう見ているのだろうか。

東京都の元副知事で長く都市開発行政に携わってきた明治大学の青山佾《やすし》特任教授は、「多くの人は混雑する電車で長時間通勤するよりも職住近接を望んでいる。バブル崩壊による地価下落で都心部にも共同住宅を建てやすくなった。都心部に主要な職場がある以上、周辺に建設されるタワーマンションは都心居住の要求を満たしている」と主張する。

「住宅と居住地の総量を増やし続ける時代は終わった。広域的に人口や住宅の配置を制御する仕組みが必要だ」と訴えるのは都市開発に詳しい東洋大学の野澤千絵教授だ。住宅中心の市街地再開発については「自治体ごとに人口増加のゴールを明確に設定し、目標を達成した時点で補助金や規制緩和を見直すべきだ。資金を使い切る補助金から無利子融資などに切り替えれば、その資金は将来回収され、ほかの政策に回せる」とも提案する。

4　開発ありき、かすむ公共性――それぞれの現場から

狭い「庭」、一般利用できない車道

古い街を安全・快適で多くの人や店、企業が集まる都市に生まれ変わらせる――。市街地再開発にはこうした公共の視点が欠かせないが、タワーマンションがそびえる現場を歩く

と、その「公共性」はかすみ、住民獲得を目的とする開発ありきの姿勢が浮かび上がってくる。

２０１２年に完成した東京・六本木にある再開発地区。面積３２００平方メートルと、それほど広くない敷地に立ち、地上27階建ての建物を見上げる。見えるのはほぼすべてが住宅になっているタワーマンションだ。総戸数は約２７０戸。１階にはイオン系の小さなスーパーが入っているだけだ。

敷地内でマンションの周囲を歩くと、近隣住民が集うには狭すぎる「庭」と街路くらいしか公共の場は見当たらない。ただし、それらに据え付けられたベンチには「飲食はご遠慮下さい」という注意書きが添えられている。マンション住民以外は近寄りがたい雰囲気が醸し出される。

にもかかわらず、容積率は近隣の５４０％を上回る７００％にすることが認められ、国と港区から計20億円強の補助金を得た。その根拠として公共性があると位置づけられた施設のひとつが地下に整備した車道だった。

だが、その車道はマンションと近隣ビルの地下駐車場をつないでいるだけで、一般の利用はできない。隣のマンション住民は「公共性を欠く」として補助金返還などを求め、最高裁まで争ったが、敗訴した。港区の「裁量の範囲内」という理由だった。

隣のマンション住民にはかつて耐震性が不足しているとの指摘を受けて、自己資金でマンションを建て替えた経緯があった。そのときは港区に容積率を540％しか認めてもらえなかったため、大幅な床の積み増しができずに資金のやり繰りに苦労した。

だからこそ近接する再開発計画で容積率が700％まで認められたということに納得がいかなかった。容積率を積み増す明確な根拠や計算式は示されず、行政の「裁量の範囲内」という言い分が通ることに、元原告のひとりは今も違和感を抱いている。

市街地再開発は古い街を刷新するため、住宅だけでなく、商業施設や広い公園など豊かな公共空間を備えるのが理想だ。だが、国や自治体は地域経済の押し上げを狙い、公共性が乏しくても予算内であれば補助金を支給する。

不動産大手は「補助金は開発会社に与えられないので、コメントする立場にない」（三井不動産）、「『公共性』は各自治体が十分検討している」（住友不動産）とする。

都内自治体の都市計画審議会委員を務めた経験がある建築士は、「役所が用意した計画について活発に議論したことはあまりない」と明かす。行政と事業者の間で固めた開発方針の詳細を、第三者が検討する場はほとんどないのが実情だ。

「振り返れば、現在の都市問題が生じる起点となったのは1990年代後半からの地方分権と規制緩和だ」。首都大学東京の饗庭伸教授は住宅中心の傾向に拍車がかかった背景をこう読み解く。

大きな転換点は2000年。都市計画の決定主体は市区町村になった。特にバブル期の住民流出に悩んでいた都心部の自治体は再開発をテコに住民を回帰させようと試みた。

饗庭教授は「地方分権で個々の市町村が好き勝手に動くようになったため、全体最適のまちづくりを進めにくくなった。容積率緩和などの規制改革で民間主導のまちづくりを進める狙いも絵に描いた餅に終わり、不動産会社は（再開発時に利益を見込みやすい）高層マンションしか造れなくなってしまった」と指摘する。

代表例はやはり「タワーマンション先進地域」の東京都中央区だ。2020年までにタワーマンション付き再開発に投じる補助金は約1000億円。隣の江東区の約4倍で全国首位だ。その効果は大きく、人口は高度成長期の水準まで戻り、区民税も2016年度までの

5年で57億円増えた。だが、学校や交通網の整備は後手に回ってしまった。

地方ほど補助金の依存度は高い

地方の自治体も住民誘致の思惑が強く、再開発の補助金依存度が高い。

JR宇都宮駅西口から車で5分ほどの中心市街地に位置する宇都宮二荒山神社。まちの顔ともいえる大鳥居のすぐ隣に、24階建てのビルが神社を見下ろすようにそびえ立っている。2010年12月に完成した。もともと地場の旧上野百貨店の新館があった場所で、同社の経営破綻後に跡地を再開発して生まれ変わった。

1～2階には地銀や携帯電話ショップが入居するが、建物の大半は165戸の住宅が占める。多くの市民が集う施設がタワーマンションに取って代わっただけといえるが、事業費77億円のうち過半は国と地元自治体からの補助金で賄われている。「もとは鉄筋コンクリート造りの百貨店だったので、補助金の支給対象になる解体・撤去費用が膨らんだ結果、支給額も大きくなった」。宇都宮市再開発室の担当者はこう釈明する。

すぐ近くでは2019年1月の完成を目指し、栃木県内最高層の31階建てタワーマンションの建設工事が進む。これも再開発案件で、事業費１１１億円の半分弱を国と地元が出す補助金で賄う。

「地方都市が『コンパクトシティー化』を積極的に進めるようになり、新たにまちなかにマンションを建てる動きが広がってきた」。ある上場不動産会社の幹部は宇都宮を含む地方の再開発事業に狙いを定め、マンション供給を伸ばしていると打ち明ける。

民間側からみると、再開発の採算性は補助金の多寡に大きく左右されるため、「補助金は多くもらえるほどありがたい」（同）のが本音だ。こうしたニーズと、中心街に住宅を建てて人口減に歯止めをかけたい自治体側の思惑が合致する形で、多額の公費を活用したタワーマンションが全国のいたるところで造られている。

福岡や岡山、岐阜なども補助金比率が３割超え

日本経済新聞は都道府県別に１９９１〜２０２０年のタワーマンション付き市街地再開発の総事業費と、それに占める補助金の比率を調べた。トップは先ほど取り上げた宇都宮での再開発事業を有する栃木県だ。30年間の総事業費は小さいが、補助金比率は４割を超えて突

地方ほど補助金に依存している

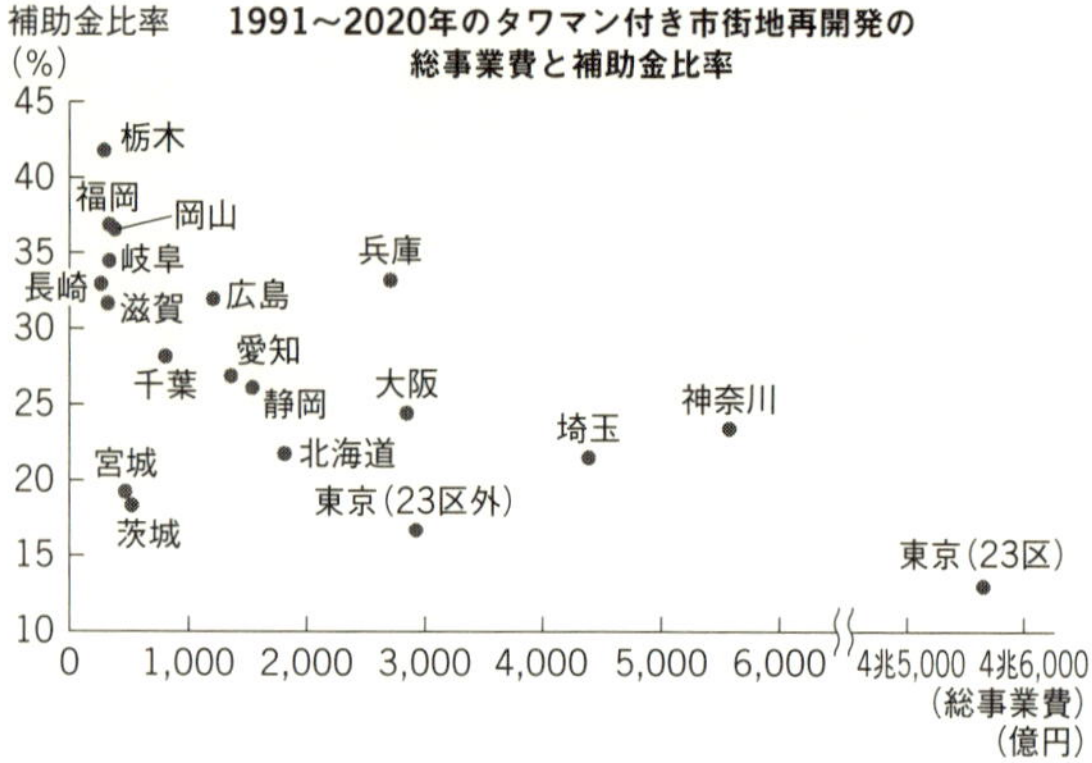

(出所) 日本経済新聞調べ

出する。

続いて、福岡県や岡山県が3割台後半で続き、岐阜県、長崎県、広島県なども3割台に乗っている。東京23区は再開発事業の件数が多い上に、1件あたりの事業費が大きいので、補助金の割合は比較的低い。

ある再開発コンサルタントは「デベロッパーが東京で培ったノウハウはどんどん地方に移植されている」と明かす。

住民を獲得するために、まず開発ありきの再開発事業。ここからはより詳しく、個別事例を見ていこう。

【東京都中央区の勝どき・晴海地区】

東京湾岸、銀座や旧築地市場に近い中央区の勝どき地区。「タワマン銀座」とも呼ばれるこの地区に、2016年に1棟だけで1420戸も収容する53階建てのY字型巨大タワーマンションがお目見えした。中央区の都市整備部地域整備課によると総事業費675億円に対し補助金は81億円。

マンションの周りの公開空地以外に公共施設といえるのは低層階にある民間企業が運営する34戸のサービス付き高齢者住宅と、それに併設する地域密着型の介護施設くらいだ。

この巨大マンションの大通りを挟んだ向かいには58階建ての巨大なツインのタワーマンションがある。総戸数約2800戸で国内最大級の大規模マンションとして2008年に完成した市街地再開発事業は、総事業費806億円に対し、補助金額は77億円。マンション販売当時は30億円前後の広告宣伝費が話題となった。

敷地内は特殊な構造だ。1階部分は居住者の駐車場などになっており、公開空地は3階相当の高さに設けられたテラス風の庭だ。庭にはエスカレーターで行く仕組みで、入り口に「敷地内で許可なく撮影禁止」などと警告がある。地元の詳しい人以外は入りづらい雰囲気だ。

ある平日の冬の昼下がり。このテラスを歩いてみると、マンションの出入り口からは住民と思われる女性たちが連れだっている以外は、人通りはまばら。テラスから目をやると、すぐ隣には古びた都営住宅が建ち並び、さらに先では小学校の増築工事が進んでいた。

このツインタワーマンションの隣を走る環状2号線の向こう側、勝どき東地区では総工費1655億円の再開発計画が進んでいる。同じく市街地再開発制度が適用され、補助金310億円で58階建てなどのタワーマンション3棟が建てられる予定だ。すべての棟が完成する2023年までに3000戸超の住宅供給を見込む。

選手村跡地に5600戸

朝潮運河を渡ったすぐ隣の晴海地区でもタワーマンションの供給が相次ぐ。この地区では総事業費1207億円、71億円の補助金で52階建てなど4棟が2016年までに建った。

そこからほど近い、かつての国際展示場があった場所に2020年の東京オリンピック・パラリンピックの選手村が建設中で、五輪後はリフォームされて住宅として分譲が予定されている。50階建ての2棟などを含む住宅の供給戸数は５６００戸に及ぶ。この地区は補助金こそないものの、東京都は東京ドーム3個分に及ぶ広大な土地を大手の開発会社11社が名を連ねる企業連合に１２９億円、１平方メートルあたり約9万６０００円の破格の値段で売却した。

東京都とすれば、旧国際展示場跡地の取得費や整備費を差し引くと２００億円を超すマイナスだ。都はこの地区の防潮堤や上下水道、道路整備などにも４１０億円を投じる。五輪選手村の整備を旗印に、高層階は億ションも予想されるタワーマンションが整備されることになる。

「幽霊タワマン」

ただ、タワマン銀座地区は大量の住居供給の反動も一部で出ているようだ。

「幽霊タワマン」。地元住民がこう呼んでいた物件がある。竣工から2年以上、30階超の巨大マンションに入居がなく夜は真っ暗で近くから見ると不気味に思えたためだ。開発主の建設会社が当初は高級賃貸物件として賃貸に出す予定だったものの、交通の便が悪いからなのか、想定賃料では借り手がつかず、賃貸を断念。建設会社から大手不動産会社に1棟丸ごと売却されたが、隣接するタワマンの販売との競合を避けるため、しばらく販売が見送られ、2018年夏にようやく分譲が始まった。

【東京都中央区の月島地区】

勝どき地区の隣、「もんじゃストリート」としても知られる下町の月島でもタワーマンションが建ち続けている。2000年代はじめに地下鉄月島駅に直結する交差点に総事業費246億円、補助金62億円で38階建てが建つと、他の丁目でも再開発機運が高まり、2015年には同駅の向かい側に53階建てが建った。その隣のもんじゃストリート沿いにも22億円の補助金で32階建てが建設中だ。

もんじゃストリートを勝どき方面にさらに歩いた月島3丁目地区。南側では総事業費299億円、補助金59億円で750戸の50階建ての再開発計画があるほか、北側でも総事業費950億円、補助金190億円、1160戸の59階建てが計画されている。

こうした建設ラッシュに反対の声があがっている。「月島にもうこれ以上、タワマンはいらない」と「愛する月島を守る会」を立ち上げ、活動を続けるのは生まれも育ちも月島という石川福治さんだ。

開発計画がある南地区の地権者でもある石川さんは「降って湧いたようなタワマン計画を知ったのが、住民説明会の直前の2017年の春。70年近くここに住む私に知らされないまま なぜ再開発が進むのか。カチンときている」と憤る。

父親から相続した土地と住居は広くはないが、路地で植木に水をやっていれば挨拶しあう下町文化の暮らしに満足している。自宅の風呂は廃止して銭湯に通い、地域の人とのつながりを大切にしてきた。しかし、中央区の住民説明会が開かれた2017年5月の直前まで50階建てのタワーマンション計画は市街地再開発の準備組合から知らされなかったという。石川さんは再開発に後ろ向きの姿勢を示してきたため、準備組合から情報が伝えられなかったのだと思っている。

低い同意率

この再開発の最大の問題点は住民の合意形成が不十分な点だろう。南地区では都市計画手続きを進めることの地権者の同意率は8割を割り込み、これまでの中央区内の市街地再開発では同意率が9割前後あったのと比べると異例の低さだ。情報を出さない中央区の姿勢も不信感を増幅させている。

同地区の事業費内訳の情報開示請求に対し、区は肝心の部分を真っ黒に塗りつぶした俗に言う「のり弁」しか示さない。一民間の任意団体である開発準備組合が非公開で検討してきた計画が、公開から半年ほどの短期間で行政側の都市計画として決定される。計画ありきの公共事業になることに「愛する月島を守る会」は疑問視している。準備組合は取材に対し「取材には応じられない」（事務局）と回答した。

こうした問題意識を踏まえ、「愛する月島を守る会」は2018年8月、市街地再開発の都市計画決定の取り消しを求める訴訟に踏み切った。

訴状では第一種市街地再開発事業はどこでも開発できるわけではなく、都市再開発法3条が定める「開発しようとする区域に十分な公共施設がないこと、同区域内の土地の利用状況が著しく不健全であること」の要件を満たさないとしている。つまり、現状で区域内に公共施設はあるし、土地利用も不健全ではないという主張だ。

客観的にみて土地の利用状況が著しく不健全な状態について、市街地再開発の根拠法ができた1969年の衆議院建設委員会の政府委員が「共同建築を行わなければとてもその土地の有効な利用ができないというような場合、老朽家屋が密集して防災上も衛生上も放置できないような場合」と発言していることを引用している。

中央区の吉田不曇副区長は2017年6月の区議会で同地域について「ひとつひとつを取り上げて、不健全であるとは考えていない。機能が混在し、動線が入り組むため、総体として、不健全である」と答弁している。

原告側はこうした答弁に対して、飲食店や医療衛生施設、工場、子育て支援施設など多種多様な店があるが、これが「機能が混在」とされるのであれば、多様性のあるまちづくりが否定されると指摘する。動線についても路地は直線状で入り組んでいるとは言いがたいという。さらに2018年2月に東京都が公表した地域危険度測定調査においても、5段階評価で「2」となっており、最も危険度が高い「5」からとはかけ離れているとしている。

中央区は日本経済新聞の取材に対し、「訴訟案件のため回答は差し控える」とした。

住んでいない地権者

もちろんタワーマンションの建設に賛成する地権者がいることも事実だ。月島地区をみると、もともとの住民の高齢化が進んでいる。入院などで居住者が不在の家や、親が亡くなって相続した子ども世代が自分で住まず人に貸したり、空き家にしたりしている地権者も多い。

住んでいない地権者にとっては、補助金がついて元手なしに新築のタワーマンションに権利交換できたり、デベロッパーに高値で買い取ってもらえたりする可能性が高い市街地再開発は魅力的だ。通常の不動産取引で売却する場合に比べて、市街地再開発の仕組みに乗ると補償費や優遇税制が手厚い。権利者は開発期間中の仮住まいの家賃から引っ越し費用、人に貸していた場合は移転期間中に得られなくなる家賃相当額を補償してもらえる。店舗を営業していた場合は、休止期間中の収益の補償、エアコンの移設や立ち木の移植費まで面倒をみてもらえる。新たな物件への権利変換なら課税されず、売却する場合でも税制優遇がある。

「愛する月島を守る会」では単純に再開発を反対するだけではなく、小規模な共同建て替えによる月島の路地文化を残しながらの再開発を提案している。だが、居住していない権利者にとっては、小規模な建て替えによる再開発よりも、換金額や補償額が大きくなる可能性が高い補助金付きの市街地再開発を望む動機が働きやすい。

【東京都国分寺市の国分寺駅前】

新宿駅からJR中央線に乗って揺られること30分。国分寺市の交通の結節点である国分寺駅に近づくと、先頭車両の先に突如、巨大な2棟のタワーマンションが視界に入ってくる。

国分寺市は東京都の地図上のほぼ中心に位置する武蔵野の面影を残す住宅地だ。建築規制のため、住宅の多くは一戸建てで、マンションも中低層、駅周辺の商業地区でも雑居ビルで10階もあれば目立つ程度の平坦な地形の都市だ。それだけに35階と36階建てのタワーマンションはひときわ目立つ。

実はこのマンションが建設されるまでに、四半世紀に及ぶ曲折があった。

東京のベッドタウンとして国分寺市内の住宅が増える中で、国分寺駅の利用者が増えたにもかかわらず、北口駅前は古くからの木造住宅や小規模な飲食店、パチンコ店などが密集し、駅前広場や道路の整備は遅れていた。そこで1990年に商業施設やオフィスビルを建設する再開発事業として「国分寺駅北口地区第一種市街地再開発事業」として都市計画が決定された。

だが、折しもバブル経済が崩壊し、商業施設やオフィスの需要低迷や地価の急落などを受けて、開発が未着手のまま長い年月が経過した。

この状況を打破すべく、ようやく国分寺市が動いたのが2004年。デジタル景気で経済成長が見込まれていた時期だ。国分寺駅周辺地区まちづくり構想と連携して再開発事業の見直しに着手する。1棟を公共施設と商業施設とオフィスが入る10階程度の複合ビル、もう1棟を30階程度のタワーマンションに施設計画を大きく変え、2009年におよそ19年ぶりに計画の変更を決議した。

不幸にもその矢先にリーマン・ショックが起きる。世界的な金融危機で不動産市場が冷え込み、景気も急速に悪化。インターネット通販の普及に加えて、かつて旺盛な消費をけん引してきた住民が高齢化したことによって、全国各地の多くの商業施設で売上高は減少していった。収益が低迷する百貨店などのテナント誘致はまったく見込みが立たなくなったのだ。

「もうタワマンしか売れない」。再開発計画に参画するデベロッパーのこうした意見を踏まえ、２０１２年に再び事業計画を見直し、商業・オフィスビルになる予定だった1棟は高さを倍以上の36階建てにすることで決着。２０１８年3月末にツインのタワーマンションが竣工した。

価格は広さや階数にもよるが55～80平米で６０００万円から1億円超と高価格だが、春から順調に入居が始まり、この地区の住人は3月から半年間で４００世帯、７００人も増えた。国分寺市全体でも世帯数は6万人を初めて突破した。

この再開発事業に投じた公金は巨額だ。市の事業計画の資料によれば、総事業費は約６４０億円で、国と東京都と市の補助金は約１２０億円とほぼ2割を占める。自治体が開発区域内の交通広場や道路など公共施設を買い取る費用２８１億円を含めると、注がれた公金は総開発費の6割に及ぶ。

低層部には多目的ホールなど市の公共施設はあるものの、建物のほとんどは個人の資産になる住居が占める。市まちづくり部駅周辺整備課の担当者は「市民説明会を随時実施し、市議会の承認を経て決められた」と説明し、公費の投入は問題ないとしている。

5　都市開発の歩み――タワーマンションが乱立する必然

「規制強化」から「規制緩和」

　これまで大規模マンションの大量供給に偏った都市開発がいたるところでひずみを生んでいる実態を追ってきた。このような状態を制御できないどころか、むしろその勢いを加速させる方向で進んできた背景を整理するために、日本の都市政策の歩みを押さえておく必要があるだろう。次章以降も都市開発が抱える矛盾をさらに突っ込んで検証していくが、その理解を深めることにもつながる。

　まず都市計画にはどのような意義があるのか。国土交通省の都市計画運用指針（第10版、原文ママ）にはこう記されている。少し長いが引用する。

「都市計画は、都市内の限られた土地資源を有効に配分し、建築敷地、基盤施設用地、緑地・自然環境を適正に配置することにより、農林漁業との健全な調和を図りつつ、健康で文化的な都市生活及び機能的な都市活動を確保しようとするものである。

このためには、様々な利用が競合し、他の土地の利用との間でお互いに影響を及ぼしあうという性格を有する土地について、その合理的な利用が図られるよう一定の制限を課する必要があるが、都市計画法に基づく都市計画はその根拠として適正な手続に裏打ちされた公共性のある計画として機能を果たすものである。

このような都市計画法の都市計画に基づく規制手法は、これまで人口が増加する中で、無秩序な都市化をコントロールするとともに、効率的な都市基盤の整備を実現するという役割を果たしてきた。

しかし、安定・成熟した都市型社会にあっては、全ての都市がこれまでのような人口増を前提とした都市づくりを目指す状況ではなくなってきており、都市の状況に応じて既成市街地の再構築等により、都市構造の再編に取り組む必要があるが、その取組においては他の都市との競争・協調という視点に立った個性的な都市づくりへの要請の高まりに応えていかなければならない。さらには、幅広く環境負荷の軽減、防災性の向上、バリアフリー化、良好な景観の保全・形成、歩いて暮らせるまちづくり等、都市が抱える各種の課題にも対応していく必要性が高まってこよう」

国交省は都市計画の意義をこのように考えているわけだが、そのまま都市づくりに反映されているのだろうか。改めていくつかのポイントに分けて、見てみよう。

第1のポイントは「規制強化」から「規制緩和」への流れである。

いまの日本の都市政策の中枢をなす法制度が整備されたのは高度経済成長期だった半世紀前、1968年（昭和43年）のことだ。戦前から継続していた都市計画法を全面改正し、土地利用や都市施設の整備、市街地開発のルールを決めた現行の「都市計画法」が制定された。高度経済成長に伴う都市の無秩序な拡大（スプロール現象）を防ぐのが最大の目的で、市町村の行政区域にとらわれずに「都市計画区域」を定めることができるようにした。

そして、都市計画区域の中に市街地の開発を優先的に進める「市街化区域」と開発を抑制すべき「市街化調整区域」に分ける仕組みを盛り込んだ。いわゆる「線引き」制度である。個人や民間企業が好き勝手に家やビルを建てると、農地と住宅が虫食い状にバラ建ちする無秩序な空間が生まれ、下水道や道路、ゴミ収集など公共投資・サービスがどんどん非効率になり、住環境も悪化していく懸念があったからだ。この規定によって、市街化調整区域では開発許可が必要になった。

規制緩和への転換点は1988年

翌年1969年（昭和44年）には市街地の再開発を促す「都市再開発法」が生まれた。古い住宅や商店が密集する状態を解消して、新たな建物に集約するのを後押しするために、用途地域で定めている容積率などの規制を緩和する仕組みを定めた。公共性の要件を満たせば国や地方自治体は事業費の3分の2を補助する。これで都市の中心部にオフィスや百貨店など商業施設が集まり、防災機能も高まった。

この法律がいまの住宅に偏重した市街地再開発を後押しする格好となっているわけだが、当時は規制緩和というより、戦後から続く古い街並みを再生していくために民間資金を活用しながら、うまく都市づくりを制御していく意味合いの方が強かったといえる。

転換点は1988年（昭和63年）だろう。大規模な工場跡地や鉄道操車場跡地などの遊休地を積極的に使おうという発想で「再開発地区計画」という制度が創設された。「民活」をテーマにして、業務用途のビルや住宅、公共施設、道路、広場などを一体的に整備する複合的なプロジェクトを進めたい地域だけ用途や容積率、高さなどの規制を緩和する仕組みだ。

これこそが規制強化型の都市計画から、規制緩和による高度利用型の都市計画に大きくシフトする転換点であり、都市開発を経済成長のドライバー役とする動きが加速する起点になったといえる。再開発地区計画の制度によって、お台場や汐留、有明など東京湾岸区域の大規模開発が大きく進んだ。その後、いくつかの改正を経て「再開発等促進区を定める地区計画」という名称になっている。

規制緩和の流れをさらに加速させたのが、小泉純一郎政権による2002年（平成14年）の「都市再生特別措置法」の制定だ。都道府県によって決定された都市再生特別地区では容積率や建ぺい率の規制、高さ制限などが適用除外となり、超高層ビルの建設が容易になった。しかも、デベロッパーなど民間事業者による提案制度を設けたことによって、ますます民間主導の都市開発が勢いを増すことになった。

都市計画制度とは別に、建築基準法に基づく「総合設計」と呼ぶ制度もビルや住宅の高層化を後押ししている。民間活動を促進する観点から、敷地内での公開空地の整備など一定の条件を満たし、自治体の許可さえ得れば、都市計画の手続きを踏まずに、敷地単位で容積率

日本の都市をめぐる環境は大きく変化してきた

高度成長期（1950年代半ば～）	**住宅不足／都市の景観・機能向上に課題** ●マンションの所有関係を整理する区分所有法の制定（1962年） ●開発地区と抑制する地区を分ける仕組みを含む都市計画法の制定（68年） ●日本初の超高層ビル「霞が関ビルディング」開業（68年） ●市街地再開発を推進する都市再開発法の制定（69年）
バブル期（80年代後半～90年代初頭）	**地価高騰／都心に人口集中** ●不動産向け融資を抑える総量規制の実施（90年） ●土地関連の課税強化など土地税制改革（91年） ●超高層の東京都庁舎が開庁（91年）
バブル崩壊後（90年代～）	**郊外開発の拡大／中心市街地が衰退** ●街づくりの権限を市町村に移す地方分権改革（2000年代） ●郊外大型店の規制などまちづくり三法の改正（06年）
人口減社会（2000年代後半～）	**空き家・空き地の増加など都市がスポンジ化** ●コンパクトシティーを促す都市再生特措法の改正（14年） ●自治体による空き家対応を促す空き家対策特措法の制定（14年）

緩和の措置を受けられる仕組みだ。

都市開発プロジェクトの大規模化は民活を引き出すために次々と誕生した規制緩和政策の当然の帰結といえる。もちろん需要が見込めることが前提だが、民間企業の立場では、遊休地や古い町並みを刷新するときに敷地面積あたりの供給量を増やせば増やすほど、投下資金を回収しやすくなる。

都市政策は地方分権の「優等生」なのか

第2のポイントは「中央集権」から「地方分権」の流れである。

日本の都市政策の主体は戦前の国から戦後に都道府県へと移り、2000年代の地方分権改革で基礎自治体である市町村が都市計画の担い手となった。規制緩和の流れに沿って、都道府県から開発許可権限を委譲された市町村は条例で指定した区域であれば市街化調整区域であっても開発が許可されるようになった。

これが自治体の住民獲得競争に火を付けた。人口の減少をなんとか克服したい自治体の首長や議員は農地が広がるような郊外でも住宅や商業施設の開発許可を出し、それによって近隣自治体から住民を誘致しようと試みたのである。後継者がいない農家が自らの農地を宅地に転換するといった需要も住宅開発を後押しする格好となった。基礎自治体に都市計画の主導権が移ったことによって、都市開発を広域的に調整する全体最適よりも、自らの自治体の個別最適を優先する姿勢が強まってきたのだ。

地方分権が都市のスプロール現象とスポンジ化を加速させているとの問題意識は国土交通省にもある。国交省による都市計画基本問題小委員会が2017年8月に取りまとめた中間報告書「『都市のスポンジ化』への対応」では、基本的な考え方として「人口減少という、避けて通ることができない構造的課題に対しては、人口増加策などにより事態の緩和（ミティゲーション）を目指すのではなく、これに都市をどう適応させていくか（アダプテーション）を考えて政策を立てるべきである」と記している。

その解決策のひとつが都市機能や住宅を街の中心部に集めるコンパクトシティーの整備だ。街の集約を進める方針を打ち出す市町村は「立地適正化計画」を策定し、「都市機能誘導区域」と「居住誘導区域」を設定し、これらの区域外で開発する事業者には届け出を求める。

しかし、多くの自治体が交通網や生活インフラが整っていない郊外での開発を容認したままで、都市開発の重心が定まらない状態が続いている。この点については第3章で詳しく検証する。

老朽マンションの建て替えに大きな壁

第3のポイントは私的財産の所有権の制限に対して厳しいハードルが設定されていること

だ。なかでも1962年に制定されたマンションの所有関係を整理する区分所有法はいまの老朽マンション問題の大きな壁になっている。

区分所有法によって、共同住宅の一区画を自分の所有物とすることを保証されることになった。制定当時のマンションは国内で1万戸程度だったが、法的な位置づけが明確になったマンションの大衆化が進むことになった。景気の浮き沈みによって、マンションブームは何度もやってきた。新規供給は単純な右肩上がりではなかったとしても、ストックはどんどん積み上がっていった。

1980年代に入って老朽化に直面するマンションが出始め、大規模修繕と建て替えの問題が取り沙汰されるようになった。第2章でマンション問題を取りあげるが、かつてマンションを建て替えるには基本的に区分所有者全員の同意が必要だった。

この壁を少しでも下げるために1983年と2002年に区分所有法が改正され、区分所有者の5分の4の同意があれば可能になったが、これをクリアするのも簡単ではない。大規模修繕についても住民の合意形成が難しく、老朽化が著しいマンションが今後大量に発生する懸念があるのだ。

低層のマンションですら建て替えができないのだから、急増している数百戸、ときには1000戸規模のタワーマンションはなおさらだ。超高層のため修繕技術すら蓄積されておらず、ましてや建て替えの実績はないのが現状だ。「将来は巨大な廃虚ができるのではないか」と危惧する声は不動産業界からも上がっている。

これまで見てきたように日本の都市づくりは規制緩和、地方分権の流れの中で個別最適を追求するあまり、秩序を保ちにくい状況が生まれた。その一方で古い建物が刷新されることなく、ストックの過剰状態が解消されないままになっている。

いま日本の官民はこうしたゆがみに真正面から対処するのではなく、そのまま拡大路線を突き進むか、立ち往生するかのどちらかしかないのである。

第2章

マンション危機、押し寄せる「老い」の波

マンションは12〜15年ごとの大規模修繕が必要（横浜市の工事現場）

1　マンション大規模修繕の死角

積立金の引き上げをめぐり紛糾

かつては「戸建て住宅を買う前の仮住まい」という位置づけだったマンション。国土交通省のマンション総合調査（2013年度版）によると、住民の永住意識は20年前の3割から5割に高まり、「終の棲家に」と考える人が増えている。だが、住民と建物の「老い」が同時に進む中、住み続ける上で欠かせないメンテナンスに大きな不安を抱えている。

「値上げを実現するまで、足かけ8年もかかった」。マンション管理士の井田健氏が苦笑いしながら振り返るのは、東京都八王子市の団地型マンションが2017年に所有者から毎月徴収する修繕積立金を引き上げたときの話だ。

当初は管理会社が1平方メートルあたり120円だった積立金を4倍の480円に引き上げる提案を出したが、急激な値上げへの反発から住民説明会が紛糾し、この案は取り下げざるを得なくなった。

途中から井田氏が加わり、工事費の圧縮など長期修繕計画の見直しを進めながら住民への説明も繰り返して、最終的に2・5倍の300円への増額で決着した。井田氏は「高齢者から『値上げは勘弁してほしい』という声も上がったが、粘り強く理解を求めてきた」と話す。

マンションの劣化を防ぐには、一般的に12～15年程度の周期で大規模修繕工事を実施する必要がある。1回目は外壁塗装など比較的小規模な工事で済むことが多いが、2回目以降は給水管や配水管を更新したり、エレベーターを修理したりと大規模なものになり、工事費も膨らみやすい。

こうした将来の出費を賄うため、マンションの購入者が毎月支払うのが修繕積立金だ。共用部分の日々のメンテナンスや清掃などに使われる管理費とは別の費用で、通常は管理組合が積立金と管理費をそれぞれ別会計で管理している。

積立金が足りなければ、適切な修繕工事ができなくなり、住環境の悪化や資産価値の劣化を招いてしまう。このため、財源に不安を抱える管理組合は管理会社と一緒に修繕計画の見直しや積立金の引き上げを検討することになるが、住民の負担増に直結するテーマゆえ、冒頭のエピソードのように一筋縄ではいかないことが多い。

全国にある分譲物件の4分の3に「財源不安」

それでは、現時点で積立金を十分に確保できているマンションはどの程度あるのか。日本経済新聞が実態を把握するために、全国のマンションの積立金を独自に分析したところ、75％の物件で徴収額が不十分という驚きの結果が出た。

分析では、国土交通省が２０１１年に策定した「マンションの修繕積立金に関するガイドライン」で示した積立金の「目安」を参考にした。積立金を30年間の均等払いで徴収する場合、15階建て未満は1平方メートルあたり月１７８～２１８円、20階建て以上のタワーマンションは同２０６円を必要額の目安としている。新築マンションの購入者が数十万円単位で支払うことの多い修繕積立基金はゼロで試算し、機械式駐車場を抱える物件は別途、積立金の加算が必要になる。

全国のマンションで実際に徴収されている積立金は、不動産情報会社グルーヴ・アール（東京・港）が保有するデータを使った。全国の物件の1割に相当する1万4千棟分の直近の積立金徴収額をベースとして、東京カンテイ（東京・品川）から得た修繕積立基金の実勢平均額も加味した積立金の金額が、国の目安を上回っているかどうか調べた。結果は、目安をクリアしたのが約3500棟にとどまり、約1万5000棟は未達となった。

ひと口にマンションといっても、建物の立地や形状、設備内容は物件ごとに大きく異なる。仮に同じ専有面積の物件でも、こうした前提条件次第で劣化度合いや必要な修繕工事の中身、費用も変わってくる。国交省も目安を下回ったからといって「ただちに不適切と判断されるわけではない」（マンション政策室）と説明している。ただ、現時点で目安を下回る積立金しか徴収していないマンションは将来への備えが十分とはいえず、いずれ積立金の増額を迫られる可能性が高い。

タワーマンションの合意形成は一段と難しく

積立金を引き上げるのはそう簡単なことではない。管理組合の総会を開き、所有者の過半の出席・賛成が必要になる。管理規約の変更を伴う増額の場合は、所有者の4分の3以上の同意が求められる。

合意形成のハードルがより高くなるのは、タワーマンションだ。単純に普通のマンションより世帯数が多いという理由だけではない。不動産コンサルティング会社、さくら事務所（東京・渋谷）の土屋輝之執行役員は「住民の多様性」がネックになるという。「タワーマンションの住民は、たとえば世代をみても若い夫婦や子育て世代から年金暮らしのリタイア層までバラバラ。所有目的も住み続けたい人や住み替えを前提にする人、投資目的で住んでいない人まで幅広い」

実際、日本経済新聞の分析では約900棟あるタワーマンションのうち8割弱が国の積立金の目安を下回っていた。目安の半分に達していない物件も1割あった。築20年以上の物件に限ると、目安に満たないタワーマンションの割合は68％とマンション全体（56％）との差がより顕著に表れた。様々な意向や思惑を抱える住民の間で合意を得ることの難しさを映し出している。

埼玉県川口市にある築20年近い55階建てマンション。積立金は1平方メートルあたり月93円だ。2017年2月に終えた工事は屋上の防水加工や壁面修復などに12億円を投じた。2034年に予定する次の工事は資金が不足する恐れがある。管理組合は積立金を段階的に

タワマンは築年数を重ねても増額が簡単ではない

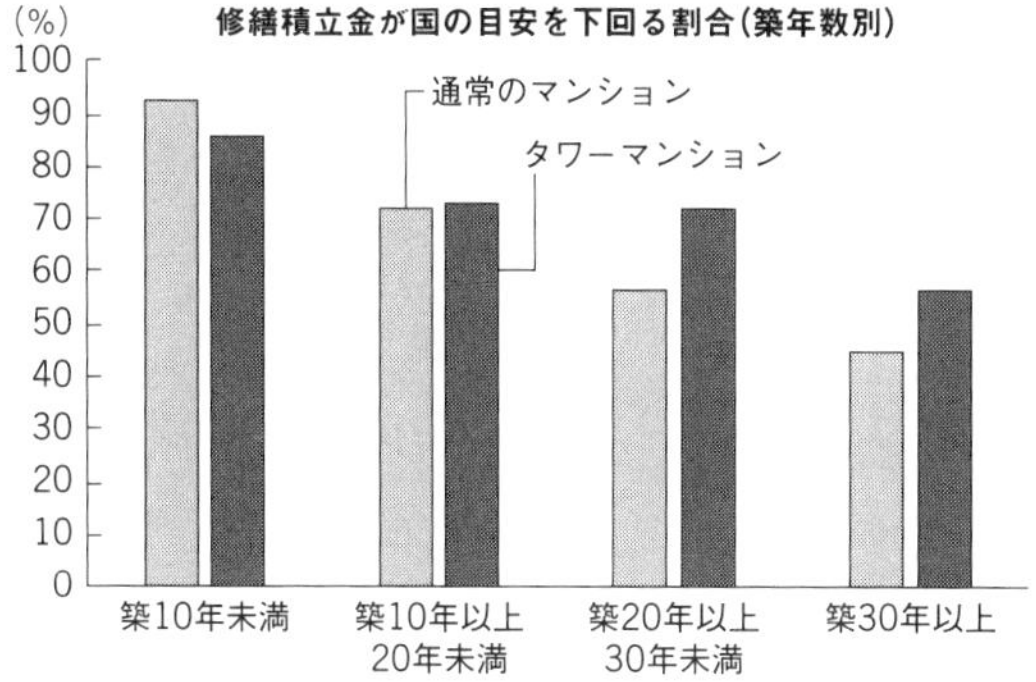

（出所）日本経済新聞調べ

上げる方針だが、理事長は「丁寧に説明していくしかない」と話す。

タワーマンションが乱立する東京湾岸部の晴海にある物件の管理組合理事長も行く末を案じる一人だ。「周辺には賃貸に出したり、値上がり益を狙って誰も住まずに空けておいたりする部屋が多い。空室が多いということは、積立金や管理費をきちんと払っていない人も相当数いるはずだ」。こんな懸念を示した上で、理事長はさらにこう続けた。「『タワマンのスラム化』という話も絵空事ではなくなってきている」

「段階引き上げ」は時代にそぐわず

マンション業界内には「そもそも分譲時の積

立金の設定額が低すぎる」という意見もある。不動産会社は新築時の積立金を安く設定し、数年単位で段階的に上げる計画を立てることが圧倒的に多い。マンションの販売側からすれば、最初から高い積立金を取る形にすると顧客の購入意欲を冷やしかねず、初期コストを低く見せた方が売りやすいからだ。

「人口が増え、マンションに住む若い世代の所得も上がっていた１９９０年代までは、積立金を段階的に引き上げる方法も成り立っていた」。東京カンテイの井出武上席主任研究員はこう分析した上で「２０００年代以降はそうした前提が崩れ、従来の積立金の徴収方法も通用しなくなってきた」と低成長・高齢化時代の限界を強調する。

国交省によると、マンションの世帯主が60歳以上の比率は１９９９年度の26％から２０１３年度は50％に高まった。所得の上がらない高齢者がマンション住民に占める割合が増える中、積立金の負担増を求めれば、話がなかなか前に進まないのは当然だ。

さくら事務所の土屋氏は「不動産会社は開発した物件の完売だけを目的としており、その後の管理に重点を置いていない」と、積立金の初期設定に問題があるとみている。だが、大手不動産会社は「分譲時の積立金の設定は適切に行っている」（広報部）との立場で、見直しに動く機運は乏しい。

「はっきり言って、積立金の段階増額方式は『問題先送り』にすぎない。住民が積立金を十分に支払える余力のあるうちに、均等額での積み立てに切り替えるなど徴収方法を見直すべきだ」。管理組合による長期修繕計画や積立金の見直しを支援する公益財団法人マンション管理センター（東京・千代田）の担当者はこう指摘する。

国交省の指針づくりを担った東洋大学の秋山哲一教授も「タワーマンションは築30年以上が少なく、その時期に発生する機械設備や配管工事の経験に乏しい。修繕費用の膨らむリスクを踏まえ、長期修繕計画の見直しなど、事前の準備を進めていくことが重要」と訴える。

空き駐車場という落とし穴

大規模修繕をめぐっては、マンションの本体以外で見落としがちなものがある。

東京都荒川区の築10年超のあるマンション。70戸の住戸がほぼ埋まっているのに対し、40台強収容できる駐車場は3割以上が空いている。計画上の稼働率は１００％で、駐車場の使用料収入から管理費用を差し引いて余った年50万円程度を修繕積立金に加える算段だった。

実際は1円も積立金に回せず絵に描いた餅になっている。

12～15年ほどの周期で迎えるマンションの大規模修繕工事の主な財源は住民が毎月支払う積立金や新築時に払うことの多い修繕積立基金になるが、約20件のマンションと契約する管理支援会社の代表、別所毅謙氏は「駐車場の使用料収入の一部も積立金の足しにしようと想定しているケースは少なくない」と話す。

荒川区の物件のように駐車場の稼働率100％という前提はハードルが高めだが、マンション管理コンサルティングのシーアイピー（東京・中央）の須藤桂一社長は「新築物件なら稼働率7～8割程度で収支が均衡する」と指摘する。より稼働率が高ければ、積立金の補完役として期待できるわけだ。

ところが、今では高齢化で自動車の保有をやめる住民が増え、若者のクルマ離れも手伝って駐車場の稼働率低下に悩むマンションが続出している。こうした物件では見込み通りの収入が上がらず、建物の修繕工事費を補うどころか駐車場自体の維持管理にも不安を抱えている。

駐車場需要の減退は、マンションの総戸数に対する駐車場の設置台数の割合を示す「設置

マンション住民の自動車離れで駐車場の空きが増えている（東京都東大和市）

率」に如実に表れる。

東京カンテイによると、２０１７年の首都圏の新築物件の設置率は33％。10年前の68％からほぼ一貫して下がり続け、半分以下になった。最近に完成したマンションは駐車場の規模を抑えて稼働率の低下を防いでいるが、築10年前後の物件は大規模な駐車場を持て余している状況だ。

空き駐車場の問題は時代遅れの規制が招いている面もある。高度成長期にマイカーの普及に伴う路上駐車の急増が社会問題になったのを受け、国や地方自治体は店舗やマンションなど大規模な施設に一定の駐車場設置を義務付けた。「付置義務」と呼ばれ、一部の自治体は今も住

マンションの駐車場の設置率が10年前の半分の水準に

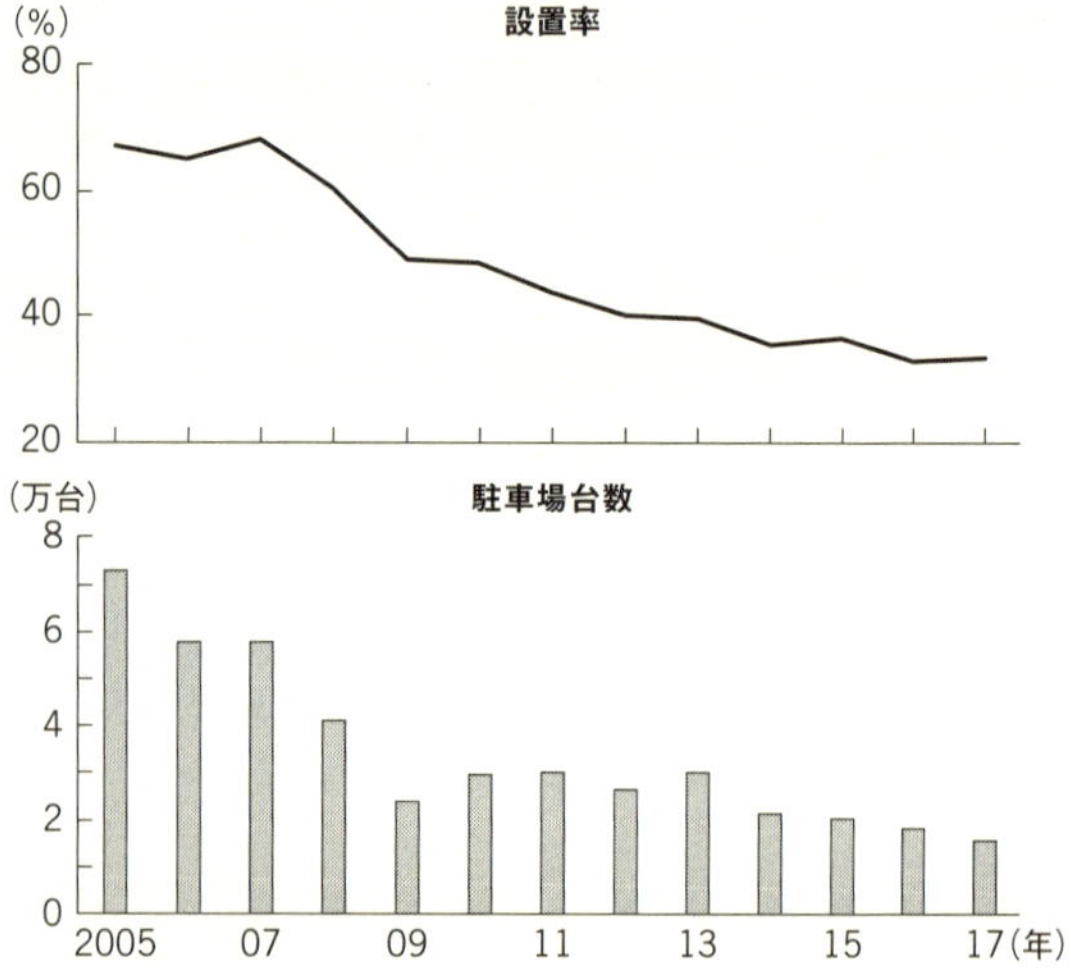

(注) 東京カンテイ調べ。首都圏の新築マンションが対象。設置率は駐車場台数を総戸数で割って算出

戸数や階数に応じて必要な駐車場台数を条例で定めている。

たとえば千葉県浦安市は1戸あたり40平方メートル以上あり、総戸数100戸以上の大規模なマンションなら、すべての戸数分に来客用として総戸数の5％分も上乗せした駐車場台数を確保するよう求めている。兵庫県芦屋市も101戸以上の物件は1戸に1台以上の駐車場設置を義務付けている。

浦安市は住民の自動車保有減を踏まえ、「設置台数の緩和など見直しを検討中」(都市計画課)というが、実施時期や規模は未定だ。

空き駐車場がマンション財政の重荷になる中、特に維持管理費がかさむ機械式駐車場を撤去して平置き型に変えたり、一部を外部に転貸する「サブリース」を導入したりする動きも出ている。

ただ、そうした対策を講じる場合も新たに生じる工事費の負担や住民以外の部外者の出入りをめぐって、管理組合内の議論は紛糾することが多い。自分が駐車場を使っているかどうかで住民の意見も割れやすいためだ。広がる空き駐車場は、幅広い合意形成が必要なマンション管理の難しさを象徴する問題といえる。

予期せぬ修繕工事費の膨張も

マンションの適切な維持管理を脅かす問題は、積立金不足など収入面だけでなく、支出面にも存在する。2020年の東京オリンピック・パラリンピックやリニア新幹線の整備など、大型プロジェクトに沸く建設業界の人手不足や資材価格の上昇が招く修繕工事費の高騰はそのひとつだ。

さらに最近では管理組合が「想定外」の出費に頭を悩ませる事例も出てきている。

横浜市内の築16年のマンションでは修繕工事で外壁のタイルが浮いて剝落の恐れのある箇所が大量に見つかり、4000万円の追加工事費用が発生した。この負担や責任の所在をめぐって管理組合と売り主が対立し、最後は管理組合が施工不良を訴えて損害賠償を求める訴訟に発展した。

「外壁タイルの浮き問題はまだそこまで表面化していないが、かなりの管理組合が抱えている」。マンション管理士の井田健氏はこう指摘する。深刻なのは、問題が起きているのが老朽化の著しい物件ではなく、横浜の事例のようにそれほど古くない物件で多発していることだ。井田氏によると「本来であれば築10～15年目に迎える最初の大規模修繕工事ではさほどお金がかからない。しかし、タイルの浮き問題のせいで積立金を使い切ってしまったり、足りなくなったりするケースもある」という。

この問題の原因ははっきりしていないが、新築時の工事基準が現在と10年ほど前では異なり、タイルの接着力を高める処理が以前は明記されておらず、十分に実施されなかったのが一因との見方がある。井田氏は「裁判で物件名が表に出ると資産価値が下がってしまうと懸念し、問題が発覚しても管理組合が泣き寝入りするケースも多い」と明かす。

急増する「融資で穴埋め」

マンションの修繕工事の収支計画に狂いが生じた管理組合が頼るのは何か。

マンション共用部の大規模修繕向け融資を手がける住宅金融支援機構の担当者は、「毎月の積立金の徴収額を計画通りに上げられず、借り入れに頼る管理組合が増えている」と打ち明ける。

住宅金融支援機構の融資の受付金額を見ると、借り入れ需要の右肩上がりの傾向がくっきりと浮かび上がってくる。2016年度は前年度比21％増の113億円と、データを遡れる2007年度以降の最高を更新した。増加は7年連続で、2017年4～12月の金額も前年同期を5％上回る。

住宅金融支援機構の担当者は、積立金の増額に難色を示すのは年金生活の高齢者だけでなく、「生活費のかさむ30～40代も同様だ」と指摘する。こうして積立金を確保できない管理組合が融資への依存を深めていく。

大規模修繕向け融資は100億円を超えた

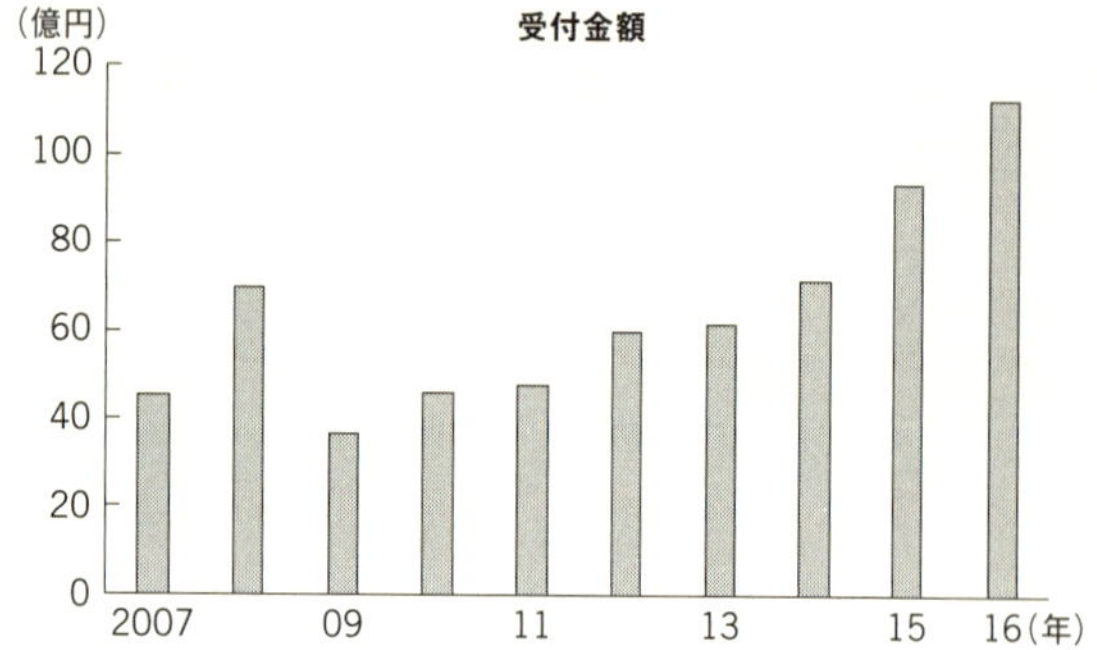

(出所) 住宅金融支援機構

借り手の物件を築年数別に見ると、35年以上が全体の約3割を占める。「3回目の大規模修繕工事に入るような管理組合はさすがに資金が足りなくなるケースが多い」。他方で築15年以下の割合も約25%と高いが、これは1回目の工事から積立金が足りなくなったというより、「足元の低金利を生かして、一定の積立金を手元に残したまま借り入れを活用している管理組合もいるためだ」という。

修繕工事費の不足を借り入れで穴埋めする管理組合も、最終的には積立金を増額して返済する必要がある。融資は金利の支払いも発生し、住民が負担増から逃げ切ることはできないのだ。

マンション修繕工事の予算不足の穴埋め方法

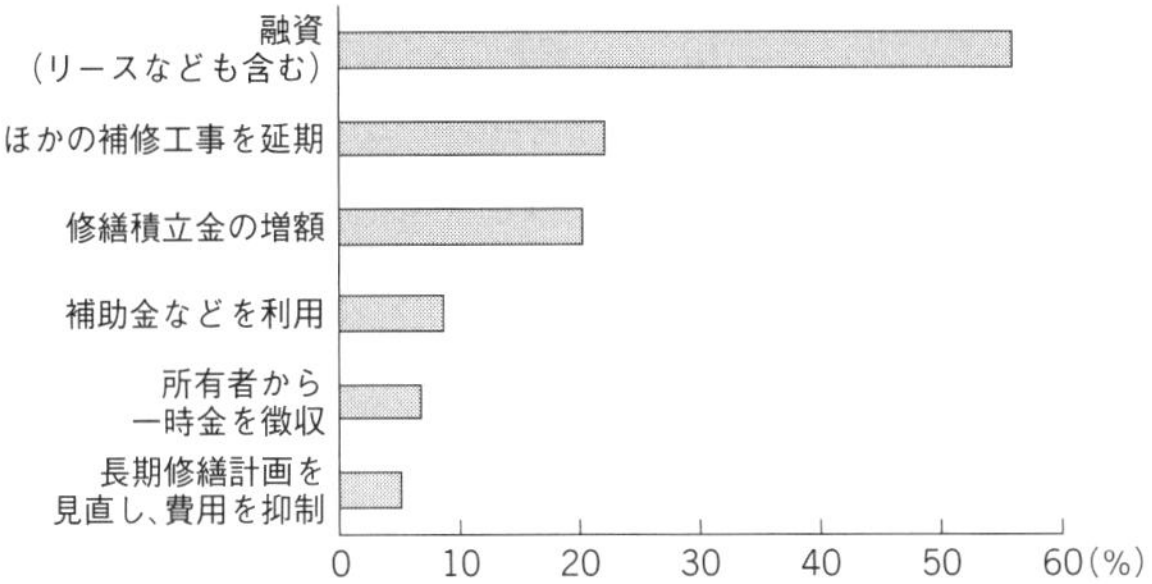

（注）マンションリフォーム推進協議会の2015年度調査を基に作成。複数回答

工事の縮小・断念が招く弊害

マンションリフォーム推進協議会（東京・千代田）の２０１５年度の調査では、大規模修繕の工事費が積立金の残高を上回ったケースが全体の11％にのぼった。足りない部分はどうやり繰りするのだろうか。

穴埋め手段（複数回答）のうち、56％と最も多かったのは金融機関からの借り入れだった。約２割は積立金の増額と答えている。一方、「他の補修工事を延期」という回答も２割強にのぼり、長期修繕計画を見直して工事内容を減らすといった動きもある。

財源が限られる中で管理組合が必要な工事を絞り込み、無駄を抑えようと努力することは当然だ。だが、積立金不足が極まって、適切な修繕に手が回らなくなると何が起こるだろうか。

日本大学の中川雅之教授は「マンション老朽化の速度が上がり、景観の悪化や防災機能の低下を招く。周辺の地価にも悪影響が及ぶ」とみる。積立金不足という現実から目を背けずに早めに対処していかなければ、管理不全マンションが増殖し、快適な都市環境を蝕んでいく。

2　管理組合にむらがる悪質業者

横行するバックマージン

マンションの劣化を防ぐ大規模修繕工事のための積立金が悪質な設計コンサルティング会社に狙われている。工事会社に談合まがいの行為を促し、割高で受注した業者からバックマージンを受け取る——。住民側に立つべき会社が水面下で管理組合の資産を食い物にしているのだ。業界内ではこうした不適切行為を排除しようとする動きが一部で出てきたものの、その根は深い。悪質コンサルの横行はマンションの資産価値を低下させ、都市そのものの「老い」を加速させかねない。

「この金額で見積もりを出してくれ。その代わり別の物件を一緒にやろう」。2018年春ごろ、ある工事会社の役員の携帯電話が鳴った。声の主は首都圏のあるマンション管理組合と修繕計画策定の契約を結んだ大手設計コンサルの担当者。修繕工事会社の入札・選定を助言する立場にある人物だ。

電話を受けた役員はもともとこの案件の受注を狙っていたが、相手が促してきた応札額は自社の見積もりの1・5倍。通常の原価で計算すればありえない高額だった。「ほかの工事会社の見積もりは設計コンサルへのバックマージンを含めている。ウチの会社がそれより安い金額で落札するのを防ぐつもりだろう」。依頼の趣旨をこう解釈した役員はきっぱり断った。

結局、落札したのは別の工事会社。なぜか役員の会社の見積もりと同程度の受注額だった。落札した会社からも事前に接触があり、当の設計コンサルと組んでいることをほのめかされたという。役員が安易に同調していれば、管理組合は相場より5割も高い金額を支払わされる可能性があった。

マンション大規模修繕をめぐる談合・バックマージンの構図

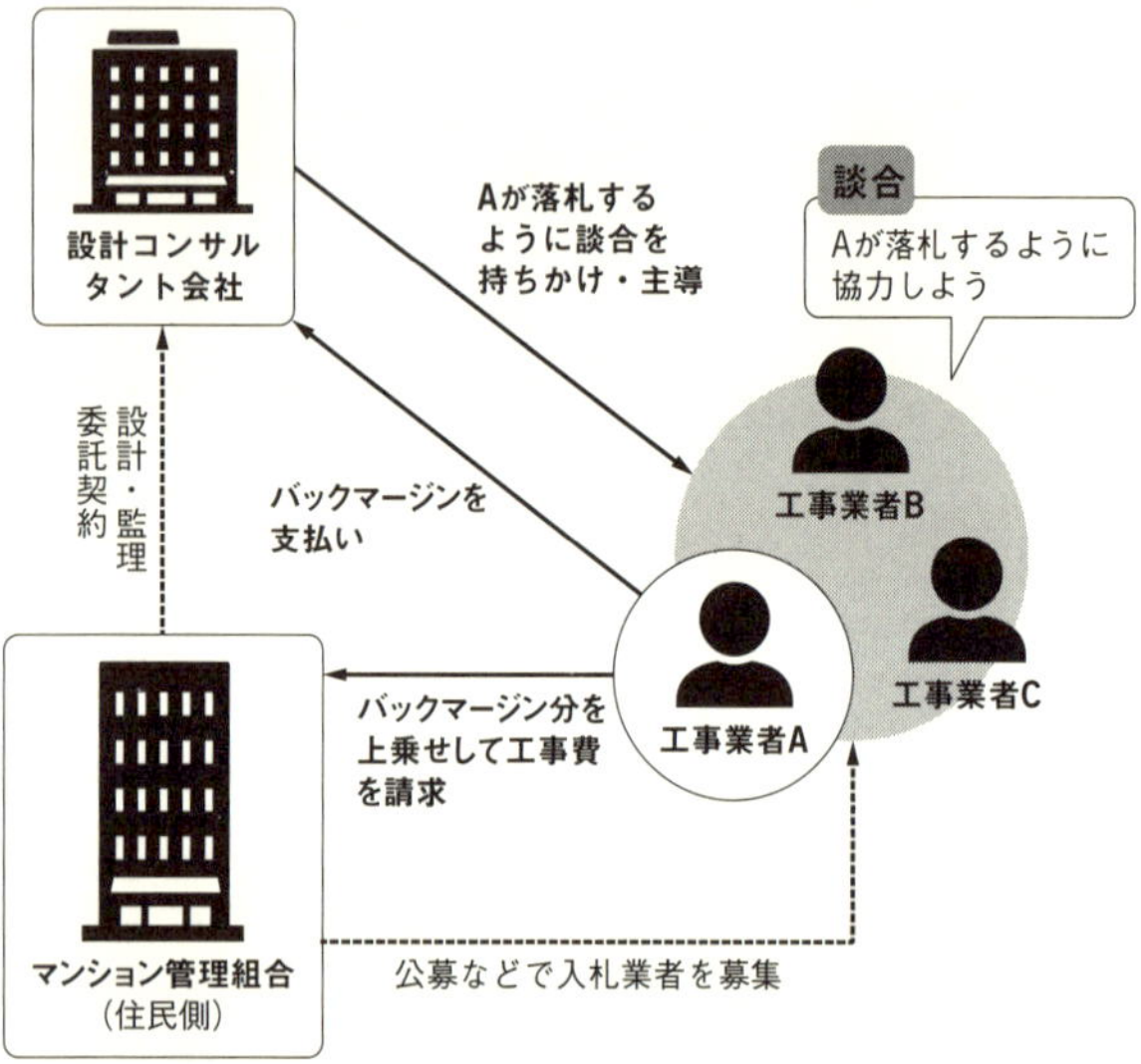

なお、日本経済新聞がこの大手設計コンサルの社長に事実関係を書面で問うたところ、「そのような談合行為を行うような事実はない」と答えている。

マンションは通常、経年劣化に対応するため12〜15年ごとに大規模修繕工事を実施する。原資は管理組合が住民から毎月徴収する修繕積立金だ。1回目は外壁塗装が中心で、2回目以降は給水・排水管の更新などが必要。規模が大きいマンションは億円単位の費用がかかる。工事内容や発注先は管理組合の総会で決めるが、専門知識が乏しい住民にとって、工事金額や業者の技術水準が妥当かどうかを判断するのは難しい。

入札条件で業者を限定

そこで近年増えてきたのが「設計監理方式」と呼ぶ仕組みだ。一級建築士などを抱える設計コンサルが管理組合と契約し、建物を診断して工事内容を決め、進捗管理も担う。この計画を受けて管理組合は公募などで工事会社を決める。診断から工事までを管理会社や工事業者に任せる「責任施工方式」より競争原理やチェック機能が働き、透明性が高いとされてきた。

だが、透明性は設計コンサルの「質」に大きく左右される。複数の業界関係者によると不正の手口はこうだ。まず、管理組合による設計監理業務の公募に対し、こうした設計コンサルが極端な安値を提示して競合を押しのける。管理組合は安ければ安い方がいいという判断が働きやすい。問題はその後だ。安値受注した設計コンサルはつながりの深い工事会社が受注しやすいように、誘導していくのだ。

ある中堅工事業者の社長は「設計コンサルが主導して『資本金1億円以上』などの厳しい条件を課す。そうすれば入札できる工事業者が限られ、顔見知りの設計コンサルと工事業者が談合できる」と証言する。業界の実態に詳しい設計コンサル、シーアイピー（東京・中央）の須藤桂一社長は「事前に落札業者を決め、ほかの業者がそれより高値で入札するように設計コンサルが誘導する」と指摘する。

国土交通省も問題を認識している。2017年1月、公益財団法人マンション管理センターや一般社団法人マンション管理業協会などマンション管理4団体に通知を出し、バックマージンを支払う工事業者が受注できるような「不適切な工作」が存在すると注意を促した。

これに呼応するかのように、同年11月に設計コンサル大手が中心となって「一般社団法人マンション改修設計コンサルタント協会（ＭＣＡ）」が発足。2018年9月時点で23社が加盟し「（管理組合の）不利益につながるような第三者との利害関係を持たない」とする倫理規定を前面に押し出した。ＭＣＡ理事長を務める翔設計（東京・渋谷）の貴船美彦社長は日本経済新聞の取材に「業界のいろいろな悪癖があったのは事実だ」と認めつつ「（不正をやっていないという）証明は難しい」と釈明した。

「実態は何も変わらない」

こうした動きに対し、多くの業界関係者が「実態は何も変わっていない」と指摘する。冒頭の工事会社役員に設計コンサルが見積額の調整を持ちかけたのはＭＣＡの設立後で、その中心的役割を担う会社のひとつだ。大手を含め業界ぐるみで価格調整やバックマージンの要求を続け、工事業者による談合があったのではないかと疑われる事例が後を絶たないという。

首都圏のある大規模マンションでは見積もりに参加した工事業者６社すべてが、「警備員」の項目だけ「単価」と「数量（人数）」を誤って逆に記入していた。

管理組合から各社の見積もりの精査を依頼された一級建築士事務所は「すべての会社が同じ間違いをすることは起こりにくく、談合があったとしか考えられない」と指摘する。管理組合は２０１８年１月、この大手設計コンサルとの契約を解除する方針を決めた。設計コンサル側は「業務は順調で、落ち度はないと判断している」と説明している。

バックマージンのやり取りは巧妙になってきた。複数の工事業者幹部は「最近は『営業協力費』や『情報提供料』という形で、その工事のバックマージンだと分からないような契約を結んで支払うケースが多い」と証言する。

バックマージンを受け取っているのは設計コンサルだけではない。大手管理会社の元社員は「設計監理方式の工事でも『場所代』として工事業者にバックマージンを請求していた」と証言する。

首都圏にある別の中堅管理会社は管理委託契約を結ぶマンションの大規模修繕で２０１８年に入り、工事業者から事実上のバックマージンを受け取ったと明らかにした。日本経済新聞が入手した契約書には、工事金額の５％にあたる約１７００万円を「情報提供手数料」として支払うと明記されている。この案件は設計コンサルがかかわる設計監理方式で、管理会社は関係ない。この管理会社は「管理組合に通知しない形で受け取ったのはよくなかった」とする。

こうした談合まがいの行為やバックマージンは法的に問題ないのか。公正取引委員会は「民間同士の取引でも独占禁止法上の『不当な取引制限』にあたる入札談合が適用される場合はある」との見解を示す。

中原総合法律事務所（横浜市）の中原茂弁護士は「管理組合から委託を受けた設計コンサルが工事費を本来の金額よりつり上げさせたうえで、工事業者から法外なバックマージンを得ると管理組合の財産に損害を与えることになり、刑法の背任罪にあたる可能性がある」と指摘する。ただ、立件できるかどうかは「バックマージンがその工事の見返りであることの証明などが必要で、ハードルが高い」

自浄作用が働くか

いまは業界に自浄作用を求めるしかないのが現状だ。

２０１８年10月30日に「一般社団法人クリーンコンサルタント連合会」（東京・千代田）が都内で設立記者会見を開いた。名を連ねたのは2年前に不適切なコンサルの実態を告発した業界団体の主要メンバーだ。大手中心のＭＣＡに属さず、距離を置く。会長に就いた柴田幸夫氏（柴田建築設計事務所代表）は「我々の活動は不適切コンサルの撲滅というより、クリーンなコンサルの増加につながる」と語り、管理組合からの相談やコンサル紹介に応じると表明した。

修繕工事大手のカシワバラ・コーポレーション（山口県岩国市）は2017年から設計コンサルなどに対し「一切バックマージンを支払わない」と通知を始めた。同社幹部は「業界の不正と強い決意をもって決別する」と話す。

ただ別の関係者によると、設計コンサルや他の工事業者の反発は強く「入札の条件でカシワバラを事実上外す動きも出ている」という。

こうした状況下で問われるのは管理組合の目利き力だ。

管理組合がウェブサイトで直接工事業者を募集する「マンション修繕入札サイト」を運営し、工事が正しく見積もられているかどうかを検証する日本システムマネジメント（東京・中央）の宇貫広一郎マンション総合支援事業部長は「業者の推薦や選定を設計コンサルや管理会社まかせにしなければ不正を防げる」と指摘する。

日本経済新聞の調べによると、全国の分譲マンションの75％で修繕積立金が国の目安に届いておらず、ただでさえ財源不安を抱える。マンションの劣化が加速すれば、防災・防犯上の危険が増し、周辺地価にも悪影響が及ぶ。悪質な業者に積立金を食いつぶされないように自衛策を講じることは、まち全体の価値を維持することにもつながる。

3　老朽団地が押し下げる地価

エレベーターがない5階建て

ＪＲ松戸駅から車で20分ほど走った千葉県松戸市の北東部に、白い箱形の5階建て集合住宅が立ち並ぶ地域がある。いずれもエレベーターを備えておらず、足腰の弱いお年寄りには厳しい造りだ。「階段の上り下りがきつくなって、引っ越していった人もいるよ」。ここに住む70代の男性は建物の古さや不便さが高齢者の暮らしに響いている様子を語ってくれた。

ここは日本住宅公団（現都市再生機構＝ＵＲ）が分譲・賃貸を合わせて３０００戸以上を整備した大規模団地だ。１９６９年に完成し、ほぼ半世紀を迎えた。

「周辺は静かだし、住み心地はいい」と話す別の70代男性は、一方でこんな不安も口にした。「いずれは建て替えが必要になるが、その際に住み続けるのか、引っ越すのかは決めかねている。工事費用も負担できるか心配だ」

エレベーター設置などバリアフリー化が進んでいない老朽団地は多い（千葉県松戸市）

この団地を含む地区は、人口に占める65歳以上の割合を示す高齢化率（２０１８年3月末時点）が48％に達する。地域住民の２人に1人が高齢者という計算になり、松戸市全体の平均25％を優に超える。過去10年間の人口は市全体だと4％増えたのに対し、団地周辺は2割以上減った。

「売り上げも客数も年々落ち込んでいる」。地元スーパーの店主は高齢化や人口減の影響を強く感じている。「配偶者が亡くなって高齢の単身者が増えている。年金暮らしの人も多いので、和牛やマグロといった比較的高価な食品が昔ほど売れなくなった」。こうした地域の活力低下を映すように、周辺の地価下落率は過去10年間で26%に達した。

築40年超の「密集地」で地価下落が顕著に

松戸市の団地の出来事は決して特殊な事例ではない。

日本経済新聞は老朽マンションの増加が周辺地価にどのような影響を与えているのか探るため、集合住宅が10棟以上集まる地域を「密集地」とみなして地価動向を分析した。協力してくれたのは不動産情報会社のグループ・アール（東京・港）だ。先ほどのマンション修繕積立金のデータ分析でも手を組んだ相手だ。同社は全国14万棟の分譲マンションの築年数や住所に関するデータを保有している。国土交通省の全国2万6000地点の公示地価の情報を使用。緯度経度の地理データに基づき、各物件から最も近い地価調査地点を特定して関連づけし、10棟以上が集まっている3490地点を密集地として抽出した。その上で、それぞれの地価調査地点に集まる物件の平均築年数を算出。2008年1月から2018年1月まで過去10年間にわたる公示地価の騰落率と平均築年数の相関関係を調べた。

マンションが古くなるほど地価が下がりやすい

**10棟以上集まる密集地の平均地価騰落
(2018年1月と08年1月の比較)**

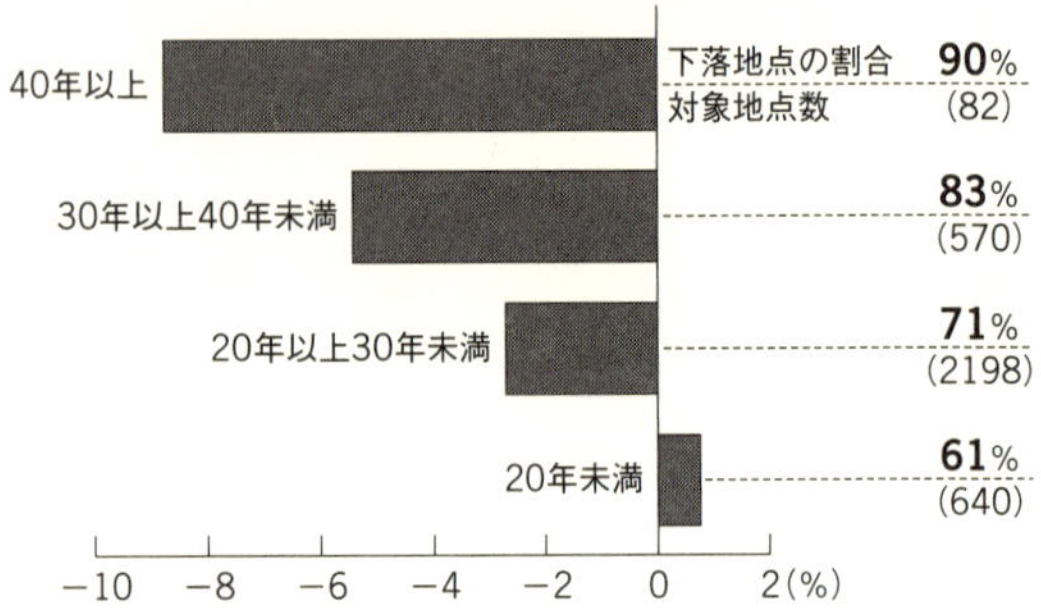

(出所) 日本経済新聞調べ

こうした分析を通じて浮かんだのは、周辺物件が古くなるほど地価が下がる傾向だ。３４９０地点の平均下落率は２・６%だったが、築30年以上40年未満の地点は５・４%、築40年以上の地点は８・７%と下げ幅が一段と大きくなった。

下落地点の割合も密集地の平均築年数が上がるほど高くなり、築30年以上40年未満は83%、築40年以上は９割に達した。

日銀の異次元緩和であふれたマネーが不動産市場に流入し、地価が上昇局面にあった過去５年間でみても、３４９０地点全体の地価は18・８%上がったが、築40年以上に限ると３・４%と小幅の上昇にとどまった。

先に述べた松戸市の団地周辺の事例はこの独自分析から導き出された。築40年以上の物件の密集地で過去10年間の地価下落率が最も高いという結果が出たのだ。このほかにも千葉県の我孫子市や船橋市、千葉市、埼玉県狭山市、大阪府箕面市で下落率が2割を超す地点があった。いずれも近隣に古い大型団地があり、これらが地価の足を引っ張る構図が浮かんでくる。

「マンションの集積地は建物とともに住民の高齢化も進み、人口も減るため、地価が下がりやすくなる」。こう解説するのは不動産・住宅市場の動向に詳しい日本大学の清水千弘教授だ。「老朽マンションの多い地域は人々が魅力を感じないため人口も流入しにくくなり、住宅需要が落ち込むことで一層地価が下がる悪循環に陥りやすい」

もちろん地価は景気の動向、商業施設や交通網の周辺状況も影響しているので、老朽マンションの密集度合いと地価に明確な因果関係があるとは言い切れない。ただ、清水教授も2017年にマンションの老朽化が地価に与える影響を独自に分析しており、その研究によると、所得や人口などの変動要因を考慮しても「老朽物件は地価の押し下げに作用することが示唆された」という。

東京圏は郊外の老朽マンション密集地の地価が軒並み下落

（注）対象は公示地価の調査地点で、近くにマンションが10棟以上ある「密集地」。2008年1月から18年1月までの地価騰落率を調べた

大阪圏も都心から離れた老朽マンション密集地の地価下落が顕著に

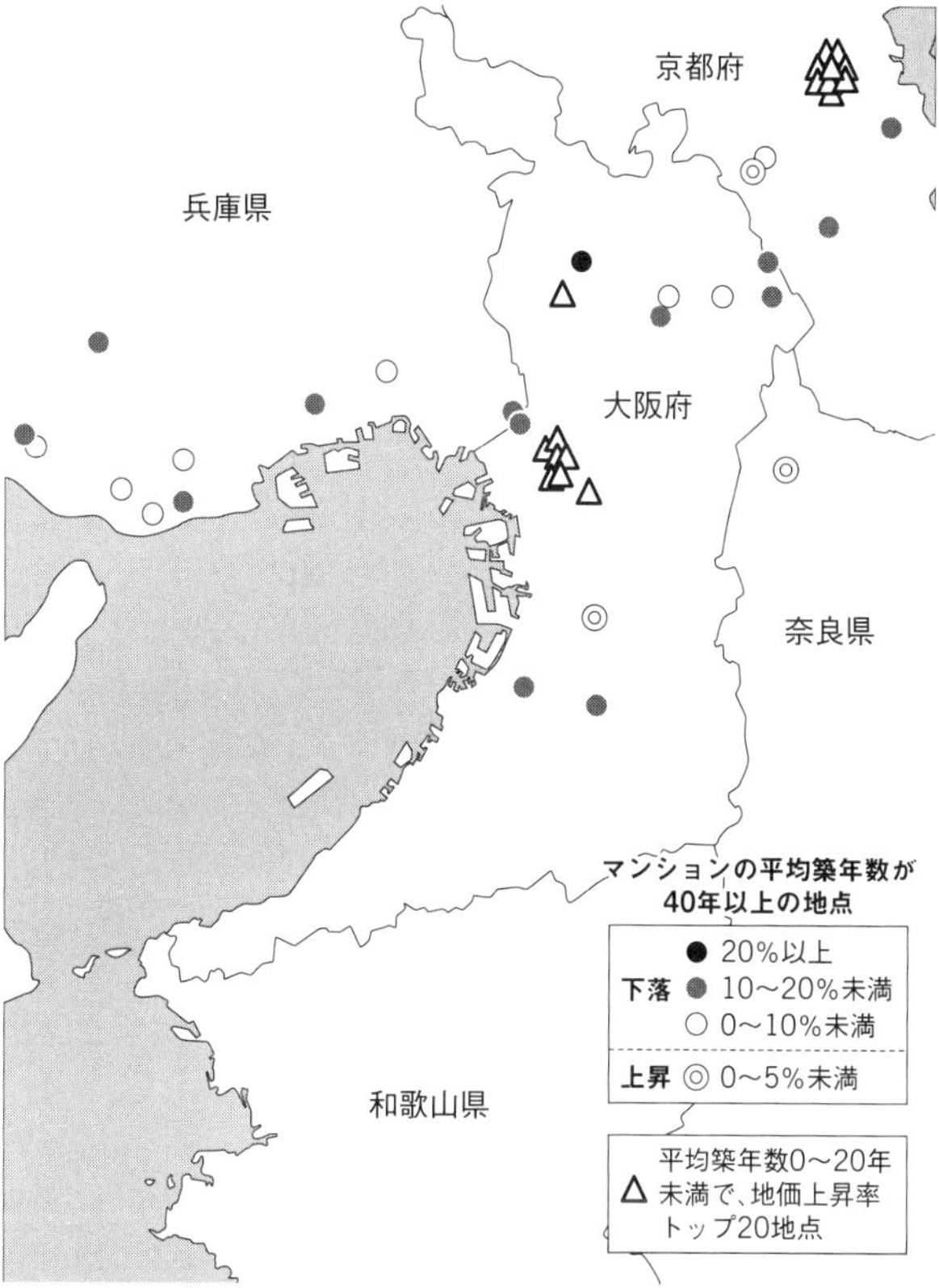

（注）対象は公示地価の調査地点で、近くにマンションが10棟以上ある「密集地」。2008年1月から18年1月までの地価騰落率を調べた

築40年以上のマンションの多くは1981年6月以降の新耐震基準が適用されるより前に造られた物件であるため、防災面の不安を抱えていることも周辺地域の地価に悪影響を及ぼす一因とみられる。

築45年を超す老朽団地は20年後に10倍に

ここで全国の住宅団地がどのように形成され、現在どういった状況にあるのかを確認しておきたい。

都心部における人口集中と住宅不足が深刻になった戦後の高度成長期、大都市圏の郊外を中心に団地の供給が国策として急ピッチで進められた。大阪府の千里ニュータウン、東京都の多摩ニュータウンはその代表格だ。国交省によると、同じ敷地内に共同住宅が2棟以上集まり、50戸以上あるなどの条件を満たす「団地」の数は1970年に全国で291カ所だった。それが1990年には約10倍の2769カ所まで膨らみ、2013年末時点で約5000カ所となっている。このうち約8割が三大都市圏に集中している。

これらの団地が今、そろって老朽化し始めている。築45年を超す老朽団地は2015年時

築45年超の老朽団地は今後20年で約10倍に

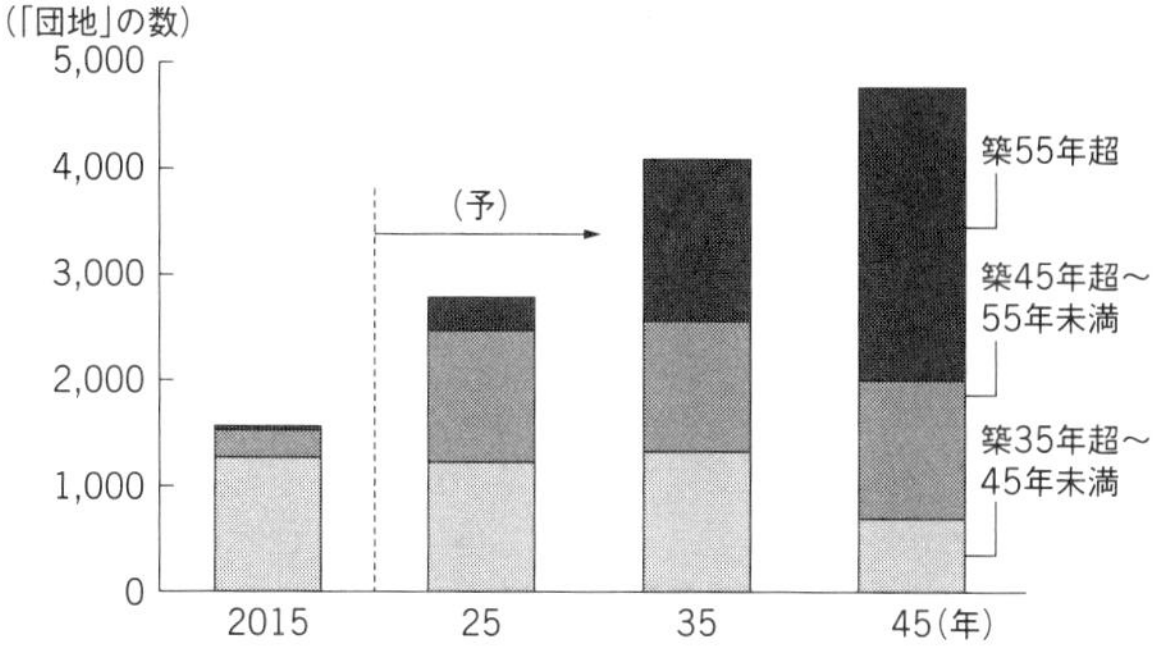

(注) 国土交通省「住宅団地の実態調査」(2015年11月公表) を基に作成

点で291カ所と全体の6％程度だが、10年後には5倍強、20年後には約10倍に拡大する。

住民の高齢化も本格的に進む。団地の入居が始まった年代ごとの高齢化率を見ると、2015年時点では1974年以前にできた団地に住む人を除き、全国平均を下回っている。ところが2030年になると、1995年以降の団地に住む人以外は軒並み全国平均を上回る見通しだ。

国交省が2015年11月に公表した「住宅団地の実態調査」では、老朽団地の立地エリアの地盤沈下を複数例示している。たとえば1966年に供給が始まった東京都府中市の団地周辺では、商店数がピーク比38％減、年間販売額は48％減になった。1972年に供給を開始した京都府八幡市の団地周辺でも、商店数や年間販売額はピーク比でほぼ半減した。神戸市や千葉県船橋市、三重県四日市市、福岡県北九州市など全国のいたるところの団地で同様の現象が起きている。

古い団地と同時期にできた単棟型のマンションを比べても、団地の苦境がうかがえる。空き家率は団地が7・6％と単棟型の5・2％より高く、高齢化率も団地の33・3％に対して単棟型は27・7％とかなり差がある。一方、賃貸化率は団地の11・5％より単棟型の19・8％のほうが高く、団地の新陳代謝は進んでいない。

建て替えを阻む制度の壁

団地再生に向けた有力な手段のひとつは、建て替えの実施だ。建物や設備を刷新して景観や利便性の向上につなげれば、団地とその周辺地域も活気づくが、これまでに住民合意までこぎ着けた事例はそう多くない。2017年4月までに建て替えを終えたのはわずか124団地、約1万3700戸にとどまる。

背景には法制度面の高いハードルがある。

団地の建て替えには全体の5分の4以上と各棟で3分の2以上の同意を得る必要がある。制度上は部分的な建て替えも可能だが、条件つきのため、実際にはほとんどが全棟での実施を迫られる。

建て替えではなく、敷地を売却して別の用途に転換するという手段もある。近年の法改正などにより、耐震性に問題があれば各棟5分の4の賛成でできるようになったが、通常は全員の合意が要るため、やはり使い勝手は悪い。「耐震性の条件を外して敷地売却のハードルを下げるべきだ」。マンション建て替えを支援する環境企画設計（東京・港）の堀口浩一代表取締役はこう訴える。一部の棟だけ再生できる制度を求める声もある。

団地の共用部に福祉・保育施設を誘致するなど、利用者の往来を促すしかけをつくって団地再生を目指す動きもあるが、ここでも「4分の3以上の賛成」という住民合意の壁が立ちはだかる。

ある団地で共用部に高齢者福祉施設や子育て支援施設を導入する案が浮上し、臨時総会で7割の賛成を得たが、4分の3はクリアできず否決された。反対・棄権に回った3割は全員が否定的だったわけではなく、入院や相続などで決議に参加しない、あるいは参加できない人も1割程度いたが、現行の制度では「反対票」という扱いになり、団地再生を阻んでしまう——。国交省が2018年6月に開いた団地再生を議論する有識者会議では、千葉大学の小林秀樹教授がこんな事例を紹介した。

小林氏は「高齢化が進むと入院などで投票できない住民が増え、ますます合意が難しくなる。決議要件を緩和すべきだ」と主張する。必要な合意を4分の3から3分の2に緩めたり、決議への不参加者を母数から除いたりすることを提案している。住民構成や要望の変化に応じ、選択肢を増やす新しい制度の必要性が強まっている。

建て替えの財源確保もネックに

「無償で新しいマンションに住めると思っていたのに……」。ある建設会社幹部は、団地の管理組合の人たちがこう言ってうなだれる事例が数多くあると打ち明ける。「建て替え費用が必要なことを知って、尻込みするケースが多い」という。

建て替えを通じた団地再生で住民合意を得るのが難しいのは、お金の問題が絡むからだ。実際、マンション建て替えに関する国のアンケート調査で、反対する人の理由（複数回答）として最も多かったのは「費用負担の問題」（56％）だった。「引っ越しや仮移転先への不満」（35％）や「修繕や改修で十分」（28％）、「住環境の変化への不安」（19％）などを大きく上回る。

国交省の調査では、マンションの建て替え時に所有者が負担する金額は２０１２～16年の平均で１１００万円強に達する。２０００年ごろまでは３００万円台だったのに比べ大幅に上がった。特に年金暮らしの高齢者には重い負担になる。

なぜこんなに建て替え時の自己負担額が大きくなっているのか。マンションの規模を大きくして建て替え、その分だけ増える住戸を売って工事資金に充当すれば、住民の自己負担は軽くなる。だが、この手法が通用するのは主要な駅に近く、居住ニーズの強い好立地の物件に限られる。

交通の便が悪い郊外の団地は、余っている容積率を使って住戸を増やしても売れにくい。最近はこうした市場価値の低い物件の建て替えが増えており、自己負担額が増えているのだ。民間企業が整備した団地は容積率をめいっぱい使っており、そもそも建て替え時に住戸を増やせないケースも多い。

福岡市内の公団集合住宅の建て替え計画にかかわっているラプロス（福岡市）の樋口繁樹社長は「容積率を使ってマンションの規模を大きくする手法だけでは、最近のマンションの市場性からみても建て替えが難しい」と説明する。

「最近になって都心から郊外の老朽団地に移ってきた高齢者が増え、建て替えに反対するケースが目立ってきた」。東京都渋谷区に事務所を構える建て替えアドバイザーはこう指摘する。新たな高齢の団地住民は経済的に厳しくなっていることが多いのだという。自らの暮らしを支えるので精いっぱいなのだ。

公的支援どこまで

不動産業界からは「建て替え時の住民負担を和らげる補助金の拡充が必要」との意見も出るが、「私有財産にどこまで公的支援すべきなのか」という論点もある。団地の「公共性」をめぐって、より踏み込んだ議論が求められる。

「団地の20年後の姿なんて誰も考えたくない。でも、誰かが引き受けなければ……」。松戸市の大規模団地に住む70代男性からこんな声が漏れた。

郊外団地で顕在化しつつある問題は、実は都心部の行政や住民にとっても人ごとではない。新たに大量供給された大規模住宅に、同世代の住民が一斉に移り住むという構図は、東京都の湾岸部や川崎市の武蔵小杉をはじめとするタワーマンションの乱立地域で起きていることと似通う。

現在は少子高齢化に逆行するように子育て世帯が殺到し、活気のある地域でも、住民と建物の老いが同時並行で進み衰退していった団地と同じ道をたどらないという保証はない。「マンションの開発時期をずらしたり、まちに呼び込む世代間のバランスを考えたりと、街づくりには中長期の視点が必要だ」。大和不動産鑑定の竹内一雅主席研究員はこう訴える。

4　「空き家予備軍」の破壊力

全国に予備軍７０５万戸、三大都市圏に３３６万戸が潜む

都市の「老い」を加速している要因はマンションの老朽化だけではない。一戸建てを含む空き家が急増している問題についても、注意を払う必要がある。空き家は簡単に取り壊すことができず、危険な状態のまま据え置かれるケースが多い。しかも深刻なのは、いま目の前にある空き家にとどまらず、「空き家予備軍」が大都市に大量に潜んでいることだ。

日本経済新聞は65歳以上の高齢者だけが住む一戸建てとマンションの持ち家を「空き家予備軍」とみなし、現状でどれほど存在しているのかを独自に集計した。すると、東京、大阪、名古屋の三大都市圏に予備軍は合計336万戸もあり、三大都市圏内の持ち家全体の2割強に達することが分かった。この圏内の現在の空き家比率はまだ7%だ。

もちろん高齢者だけが住む持ち家が将来すべて空き家になるわけではないが、家主の死後に相続人が入居しないことが多く、古い家屋は買い手がつきにくい。高齢者だけが住む家屋は空き家になる潜在リスクが大きい。早く手を打たないと空き家が大都市であふれてくる懸念は強まってくる。

空き家予備軍の現状を詳しく示す前に、まず空き家の現状を押さえておこう。

空き家とは昼間だけの使用や複数の人が交代で寝泊まりしているケースを除く居住者がいない住宅を指す。総務省の住宅・土地統計調査（最新データは2013年）によると、2013年時点の空き家は820万戸で2003年比24％増えた。空き家が増えているのは、住宅数が世帯数を大幅に上回るのに住宅の大量供給が止まらないためだ。全国の住宅数は2013年時点で約6060万戸。約5240万の総世帯数を16％上回り、その差はほぼ空き家の数と一致する。

空き家の内訳は賃貸や売却用が56％、別荘など「二次的住宅」は5％。問題視されるのは空き家の中で39％を占める「その他の住宅」だ。実数は318万戸に達する。2008年比の増加率をみると、賃貸・売却用の3％増に対し、「その他の住宅」は19％増と突出する。こうした空き家は人の目が届きにくく防犯面の懸念が強まるだけでなく、ゴミの不法投棄による環境悪化や火災の発生、災害時の屋根や外壁の落下など周辺の住民を危険に巻き込む可能性がある。

東京都の空き家予備軍は持ち家の2割

ここから、日本経済新聞が集計した「空き家予備軍」のデータを詳しく示す。

2013年の住宅・土地統計調査から65歳以上の人だけが住む持ち家を「空き家予備軍」として抽出した。高齢者だけが住む戸建て住宅はほぼすべてを持ち家とみなした。高齢者だ

「空き家予備軍」の比率は大都市圏でも2割を超す

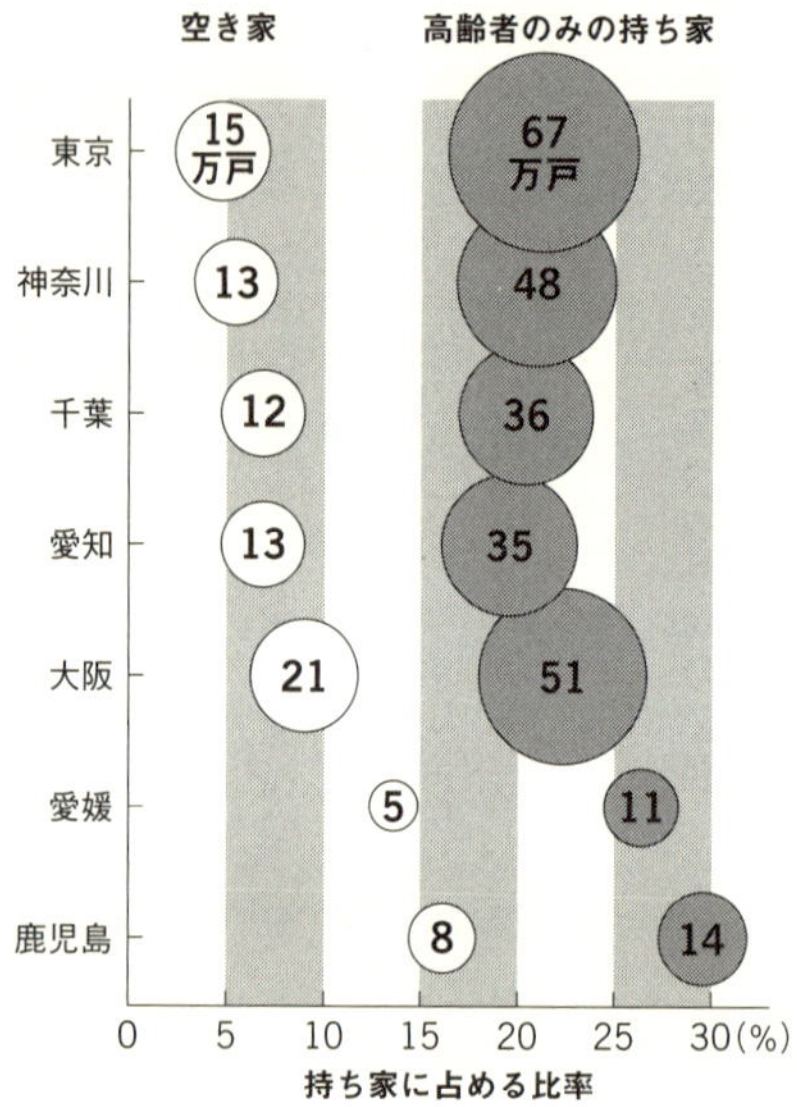

（出所）日本経済新聞調べ

けが住むマンションについては持ち家と賃貸を区別するデータがない。そこで、各自治体のマンション（統計調査の3階建て以上の共同住宅）の持ち家比率を高齢者だけが住むマンション戸数に乗じて「高齢者だけが住む持ち家マンション」の戸数を試算した。

集計した結果、全国では持ち家3179万戸に対し、空き家予備軍は22％にあたる705万戸あった。このうち三大都市圏は48％を占め、合計336万戸。これは世帯数の全国比に匹敵しており、三大都市圏は単身高齢者の急増によって、高齢化で空き家問題が先行した地方の実情と似てきたことが分かる。三大都市圏の賃貸用などを除く現状の空き家数は107万戸で、まだ割合は7%にとどまっている。

都道府県別で空き家予備軍が最も多いのは東京都の67万戸で、比率でみると持ち家の21%。現在の空き家数は15万戸で5%だ。すでに空き家になっている戸数で全国トップの大阪府も予備軍は51万戸と多く、その比率は東京都を上回る22%。神奈川、千葉も2割を超している。三大都市圏は住居の密集度が高く、空き家発生の影響は大きい。

10万人市区では千葉県我孫子市がトップ

持ち家に占める空き家予備軍の比率を三大都市圏の10万人以上の市区でランキングしたところ、最も高いのは千葉県の北西に位置する我孫子市で比率は28%だった。

我孫子市は都心から40キロメートル圏にあり、上野駅からJR常磐線で一本でつながっているとあって都心部に通勤する会社員の住宅地として発展してきた。1970~80年代に戸建て住宅の開発が急速に進み、市制制定の1970年に5万人だった人口は13万人まで成長したが、2011年以降、減少に転じた。現在の空き家の比率は7%と千葉県全体の比率と同じだが、高齢者だけが住む戸建て住宅が1万戸あり、今後の空き家の急増リスクを示す。

我孫子駅から徒歩20分の閑静な住宅地を歩くと、郵便ポストが粘着テープでとじられ、雑草が生い茂る空き家が多く見受けられた。近くの戸建てを訪ねてみると、70代の男性が出てきた。家は40年前に新築で買ったという。「子ども2人は職場に近い都内に住んでいる。この家をやると言っても、将来の介護などを心配するのか、一緒に住むとは言い出さない。わしらが死んでも、もう子どもたちは戻ってこない」と語った。

別の家で対応してくれた60代後半の女性は「子どもたちは独立して、今はリタイアした夫と2人。このあたりは私たちのような世代ばかりで、すでにあちこちに空き家がある」と話した。

これが空き家予備軍の実像だ。住宅開発が進んだ1970～80年代に入居した世代はすでに退職し、鬼籍に入る人も出始めている。我孫子市の市民生活部は「高齢の方が亡くなった後に、相続人が住まずに空き家になる事例が目立つ」という。市がまとめた将来の人口推計では14歳までの年少人口と15～64歳の生産年齢人口が減って人口全体が減る一方で、65歳以上の高齢者数だけが増える傾向が当面続くとみている。

郊外に多く分布するも、次は都心に

空き家予備軍比率のランキング上位を見ると、東京都町田市や兵庫県川西市など都心から30～40キロメートル前後の郊外都市が並び、実情は似たり寄ったりだ。これらの郊外都市には、アパートで新婚生活を始めてマンションに引っ越し、最後は郊外の庭付き戸建てのマイホームにたどり着く「住宅すごろく」を理想とした世代の持ち家が多い。こうした戸建て住宅は都心からドーナツ状に多く分布している。40年前は都心中心部の地価がオフィス需要で高騰し、住宅は土地代の安い郊外に向かって同心円状に広がっていったからだ。

郊外居住の流れが転換したのは１９９０年代のバブル崩壊以降だ。都心部はオフィス需要が減退し地価が下落。容積率の緩和もあり、会社員でも何とか手が届く価格の大規模マンションが新たに都心部に建つようになった。このため若い世代の人口流入があり、高齢者だけが住む空き家予備軍の比率はまだ低い。だが、高齢者の居住割合が高い古くからの木造住宅や老朽マンションの密集地は都心部にも多くあり、都市郊外で起きている高齢化現象は今

「空き家予備軍」の比率は大都市圏でも2割を超す

	市区（都道府県）	高齢者のみの持ち家	
		比率（%）	戸数（戸）
1	我孫子市(千葉)	27.5	11,643
2	町田市(東京)	27.3	30,293
3	川西市(兵庫)	26.4	14,472
4	三鷹市(東京)	25.7	10,485
5	東久留米市(東京)	25.5	7,546
6	北区(東京)	25.3	18,700
7	鎌倉市(神奈川)	25.1	14,012
8	大東市(大阪)	25.0	8,372
9	宇治市(京都)	24.8	14,190
10	練馬区(東京)	24.8	40,266
11	足立区(東京)	24.8	39,293
12	堺市(大阪)	24.7	54,635
13	国分寺市(東京)	24.6	7,718
14	杉並区(東京)	24.6	30,428
15	高槻市(大阪)	24.5	24,686
16	日野市(東京)	24.5	10,506
17	野田市(千葉)	24.2	11,624
18	小平市(東京)	24.2	10,613
19	西宮市(兵庫)	24.1	31,596
20	鎌ケ谷市(千葉)	24.0	8,159

（注）総務省の住宅・土地統計調査（2013年）を基に作成。三大都市圏の人口10万人以上の市区が対象。65歳以上だけが住む戸建てを抽出。賃貸が多いマンションは高齢者のみの住戸数に自治体別の持ち家比率をかけて試算。それぞれを合算して高齢者のみが住む持ち家戸数、比率を算出した。

後都心部でも起きる。一橋大学の齊藤誠教授は「郊外から始まった空き家問題と同じ現象が今後、じわじわ都心部にも押し寄せる」と警告する。

空き家対策はごく一部

空き家が社会問題として意識されるようになり、この5年ほどで国や自治体も重い腰を上げ始めたが、取り組めているのはごく一部だ。

国は2015年に空き家対策特別措置法を施行し、自治体が問題のある空き家の持ち主に修繕や撤去を指導、勧告できるようにした。ただし自治体が強制的に取り壊せる対象になるのは、何十年も放置されて倒壊の危険があるといった極限状態にある空き家だけだ。空き家を地域の集会所などに転換する自治体もあるが、その数もしれている。

国土交通省は使える空き家の流通を促すため、「空き家バンク」の制度を設計。各地の物件情報をネット上に掲載する「全国版空き家・空き地バンク」の運用が始まったが、成約数は2018年6月時点で約140件にとどまり、膨大な空き家群と比べるとごくわずかだ。

空き家の流通を促すための税制優遇策もある。耐震基準が緩い旧建築基準法の1981年

5月以前に建築された戸建て住宅を相続した人が2019年末までに売却する場合、一定の条件で3000万円までの譲渡所得を控除する制度がある。ただ、この利用は処分しても利益が出る、買いたい人がいる不動産に限られる。譲渡に伴う所得税を払うのが嫌で処分に二の足を踏んでいた相続人の背中を押す効果があるにすぎない。普通の人が相続して抱える空き家の多くは、解体費用と比較して望むような価格では処分できないからこそ問題を先送りして放置されたままになっているのが実態だ。

中古物件の流通促進が欠かせず

これからは不動産市場の構造を変える必要が出てくるだろう。日本の住宅市場は、政府が景気対策を狙って税優遇などで新築購入を後押ししてきた経緯があり、新築の着工数は今も年100万戸規模もある。規制が強い英国の新築は16万戸にとどまるのとは対照的だ。日本では中古住宅の流通はわずかで、国土交通省によると、住宅流通に占める中古の割合は米国83%、英国87%に対し日本は15%にとどまる。日本には根強い新築信仰があり、高品質な住宅に手を加えて長く住む欧米の価値観とは異なる。

戸建て住宅の金融機関の担保価値が築年数で杓子定規に決まることも中古流通を阻んでいる。木造戸建ては築22年になると税務上の資産価値が認められず、銀行も担保価値を税務上の資産価値と合わせているので改修資金を借りにくい。

不動産の助言会社、スタイルアクト（東京・中央）の沖有人社長は「この市場の構造が欧米と比べて改修投資が極端に少ない理由」と指摘する。担保なしに自己資金で住宅を改修して付加価値を高めたとしても、現状では建物の税務上の評価額も、金融機関の担保価値も上がるわけではない。欧米のように「不動産会社も金融機関も付加価値が上がったリフォーム後の実質的な価値で住宅の資産を評価すべきだ」と沖氏は訴える。

改修資金の借り入れに新築と同様の税優遇を認めることも課題になる。住宅の用途変更規制を緩めるのも一案だ。中古住宅を店舗や飲食店、福祉施設などに今よりも転換しやすくなれば買い手は増える。官民ともに新築偏重の姿勢から脱却し、中古住宅の流通促進に大きく舵を切ることが待ったなしだ。

インタビュー編　東京は持続可能か

人口流入が続く東京都。職住近接や訪日客需要を受けて大規模マンションが次々建設され、高層オフィスやホテルの計画も相次ぐ。だが２０２０年の東京オリンピック・パラリンピック後は需給が崩れ、不動産価格が下落するとの見方もある。高齢化で空き家や老朽マンションの問題も抱える。東京は人口減時代も活力ある都市であり続けるのだろうか。４人の経営者や首長、識者に聞いた。

街が競い魅力高める

東京急行電鉄会長　**野本弘文氏**

のもと・ひろふみ　１９７１年東京急行電鉄入社。２０１１年社長、18年4月会長。不動産開発が長く、東急グループ代表も兼ねる。

豊かな社会の実現には都市を長期の視点で開発して街の付加価値を高める必要がある。本当の需要に応じた開発は続けないと、都市をサステナブル（持続可能）に進化させられない。

東京はロシアから東アジアにつながる扇の要に位置する。この地域のハブ（結節点）になりうるのに、韓国の仁川やシンガポールに後れをとっている。東京には都市として世界貢献できる仕組みが必要だ。

東急電鉄と東急不動産は渋谷で１００年に１度の大開発を進めている。東急グループは沿線に所有する土地が多く、統一的な街づくりを進めやすい。渋谷駅は所有地とＪＲ東日本と東京メトロの駅の共同開発で超高層ビルを建設できる。二子玉川駅は商業施設と映画館、事務所棟と高層住宅を複合開発し、１日の平均乗降客は16万人と開業前より6割増えた。

渋谷の再開発はエンターテインメント性を重視しているが、新宿や丸の内はそれぞれ特徴のある街づくりをすればいい。各地が競いあえば東京全体が魅力ある都市になる。ただ複数のデベロッパーがバラバラに開発する地域もある。高層マンションばかりになり、街の魅力は高まりにくい。

都心部のマンションは職住近接の需要を満たすが、住居の面積は狭くなりがちだ。一方、郊外は広い家に住めるという違う魅力がある。駅まで自動運転車で移動できる日も近づいており、郊外も工夫すれば付加価値は高められる。

便利な場所に住居を高く積み重ねるのは効率的だが、空が見えなくなれば住環境は悪化する。行政は建ぺい率規制などで制御する必要がある。個々の案件で特別な許可を出すと歯止めが効かなくなる。どういう街をつくるかという計画をしっかり定めてほしい。

住民の多数が開発に同意するのなら、限られた個人の権利乱用を制限する仕組みも都市の発展には必要ではないか。弱者救済は当然だが、必ずしも弱者とは言えない人が不平や不満を言うほど得する状況になっている。開発の遅れで街全体の付加価値が高まる機会を逸するのは社会の大きな損失で、わがままを言う人を仲裁する機関の設置を求めたい。

「老い」深刻、住宅増を止めよ

東洋大学教授 **野澤千絵氏**

のざわ・ちえ 阪大院修了後、ゼネコンや東大院を経て2015年から現職。国土交通省や自治体の有識者会議に多く携わる。

東京の大きな問題は「老い」が急速に進むことだ。2035年までの25年間で23区の高齢者世帯は1・4倍となり、51万世帯分が上乗せされる見込みだ。この数は世田谷区の全世帯47万を上回る。老朽マンションも増える。人口や建物が過密なので、高齢者向け施設は圧倒的に足りない。今後高齢者が減っていく地方と異なり、東京は「老い」への対処の仕方が都市としての持続性を左右する。

老朽マンションの住民は高齢者が多い。古いほど修繕・維持費がかかるが、年金生活者の支払い余力は乏しく、建て替えにもなかなか同意しない。住人が減って建物自体の存続が危うくなり、周辺の地価下落や防災・防犯面の悪化を招く。

一戸建てと異なり、住民合意が必要なマンションは建て替えがほぼ不可能だ。にもかかわらず東京は容積率の緩和などを通じてマンションの「床」を増やしすぎた。再開発事業でも一番稼げる住宅に偏重している。このままでは将来、荒廃したマンションを増やすだけだ。

ニューヨークの規制緩和は計画的で過剰な供給を抑えている。都内も住宅ばかりの開発なら元の容積率のままでいい。自治体が近隣学校の受け入れ能力を算出し、余力があれば高層住宅の建設を認めるといった制御も必要だ。単純に住民増に応じて学校を増やせばいいわけではない。いずれ子どもは減り、費用をかけて統廃合せざるを得なくなる。開発事業者も持続可能な仕組みを考えるべきだ。

目の前の課題として古いマンションや空き家はどうすればいいか。高齢者が多い老朽マンション内に在宅型の老人ホームのサービス拠点を設けるのも一案。福祉拠点の不足を補う手立てになり、老いたマンションの荒廃を食い止める効果も期待できる。住宅需要が減っても、住宅を違う用途に転換できれば可能性は広がる。空き家をこれ以上増やさない政策こそ必要だ。

都市の魅力を引き上げるには公園や道路、水辺などの空間の活用も必要だ。行政は住宅拡大ではなく「住みやすい環境」の創出に力を注いでほしい。そうすれば都市の持続的な更新は可能だ。

消費機会の創出が投資を呼ぶ

日本大学教授 清水千弘氏

しみず・ちひろ 東大博士。専門は不動産経済学。ビッグデータ解析に強い。著書に『市場分析のための統計学入門』など。

都市が常に新しく生まれ変われば「老い」は生じない。日本はかつて住宅やビルを建てる力が強く、大事に使う力が弱いと言われた。むしろ「壊す力」が強かった。建築規制が厳しく、建物を修繕して長く使う「直す力」が育った欧米に比べ、収益性を求めて柔軟に建て替えができた。

だが日本経済は停滞し、都心の再開発を除き建て替えが進まなくなった。2004年ごろまでは採算が取れなくなったオフィスビルはマンションに転換されたが、中小ビルの状況は深刻だ。23区内でも老朽化や空き室が目立つ。オーナーに聞くと「後継者がいない」「経済力がなく、自力で再建できない」という。

住民合意の壁が立ちはだかるマンションはなおさらだ。日本の法体系は区分所有権を強力に認めていて、その見直しはハードルが高い。建て替えに必要な経済力も住民の高齢化とともに失われていく。マンション建て替えの事例の多くは阪神・淡路大震災で被災した物件だ。容積率を上乗せし、所有者の負担を限りなく減らすスキームだからできた。東京では現実的でない。

建て替えられない中小ビルやマンションがどんどん増え、地価が下がり、都市の「老い」が急速に進む。これが東京の未来像だ。

ひとつの処方箋は、多様な国から投資を呼び込むことだ。ニューヨークやロンドン、パリといった国際都市に比べ、東京は「アジアのローカルシティー」と海外からはみられている。

投資を喚起するカギは魅力的な消費機会があるかどうかだ。エンターテインメントが充実して都市の稼働率が上がり、人もカネも集まるようになれば、リーマン・ショックのような経済危機にも強い都市になる。

高齢化と働き方改革によって、都市に求められる要件が変わるかもしれない。都市はこれまで働く場だったが、仕事以外に使える時間が増えれば、人々は自然と消費機会を求めるようになる。そのとき東京が需要に応えられる空間になれるかどうか。歴史があり、安全な東京は潜在力が大きい。従来型の発想では未来は暗いが、都市の定義が変われば持続可能になる。

流出入対策で連携必要

江東区長　**山﨑孝明氏**

やまざき・たかあき　1967年早大第一商卒。自営業などを経て、83年に江東区議。91年から東京都議で、2007年から現職。

都市において人口は「力」だ。自治体は人口を減らさない施策を講じる必要があり、できれば一定程度増えることが望ましい。江東区では過去15年間で人口が11万人（28％）増えた。豊洲や有明など臨海部の大型マンション開発がけん引した。少し増え方が急な気もするが、想定の範囲内だ。

急激に人口が増えると、保育園や学校、公共施設が不足する問題が出てくる。それに対処するのが自治体だ。「住民が増えると大変だから来ないでくれ」というわけにはいかない。我々も開発業者と完成時期を調整しながら、必死に保育園を整備したり、学校の教室を増設したりして受け入れ体制を整えている。

一方、行政としては住民のバランスの良い配置も考えなければならない。マンション建設条例を一部改正した。新築の大型物件で家族向けの住戸を制限し、単身者や三世代同居向けの住戸を一定規模設置するよう求める内容だ。大型物件の新設で生じる児童を10％程度抑える効果を見込んでいる。

これまでは「売れる物件をたくさん造る」という事業者のペースで街づくりが動いてしまったという反省もある。マンション業者が野放図に開発を続けるのを許すのではなく、行政がより指導力を発揮しないと街づくりはうまくいかない。

30～40年前は人口が郊外に拡散するドーナツ化現象が進んだが、現在は利便性や快適性を求める人々の都心回帰の動きが鮮明だ。人口の増えた中央区でも容積率の緩和を一部でやめ、マンション開発を抑えるという話が出ている。

江東区も臨海部の開発などで東京都と協議し、土地利用をコントロールしているが、人口の流出入までは思い通りに動かせない。都と市区町村が連携し、大きなビジョンや目標を共有して東京という都市全体を運営する必要がある。

今後は戸建てよりもマンションで空き家が増え、難しい対処を迫られる。行政が私有財産に対し、どこまで手を付けられるか。自治体が条例で対応するのも限界があり、国や広域自治体と連動しないと実効性のある取り組みはできない。

第3章
虚構のコンパクトシティー

富山市中心部の商店街は郊外店への消費流出に悩む

1　日経調査から見えてきた矛盾

止まらぬ「スプロール現象」

人口減少時代に向けたコンパクトな街づくりがなかなか進まない。住宅や商業施設、公共施設を街の中心部に誘導する計画をつくった自治体が、郊外の開発案件すべてを事実上黙認している――。こんなちぐはぐな実態が日本経済新聞の調べで明らかになった。

街を集約する計画を策定している自治体のうち、3割の市町は郊外開発の規制そのものを緩和していることも判明した。人口が減っているのに生活の拠点が拡散すると財政負担は膨らんでいく。都市の衰退を避けるためには、より効果的に街を集約する制度が必要になってきた。

国立社会保障・人口問題研究所の推計によると、2045年の総人口が2015年より少なくなる市区町村数は1588で全体の94％にあたる。減り方を見ると33％の自治体で2～4割減少し、41％の自治体が4割以上減る。

2045年には7割以上の市区町村で総人口が2割以上減る

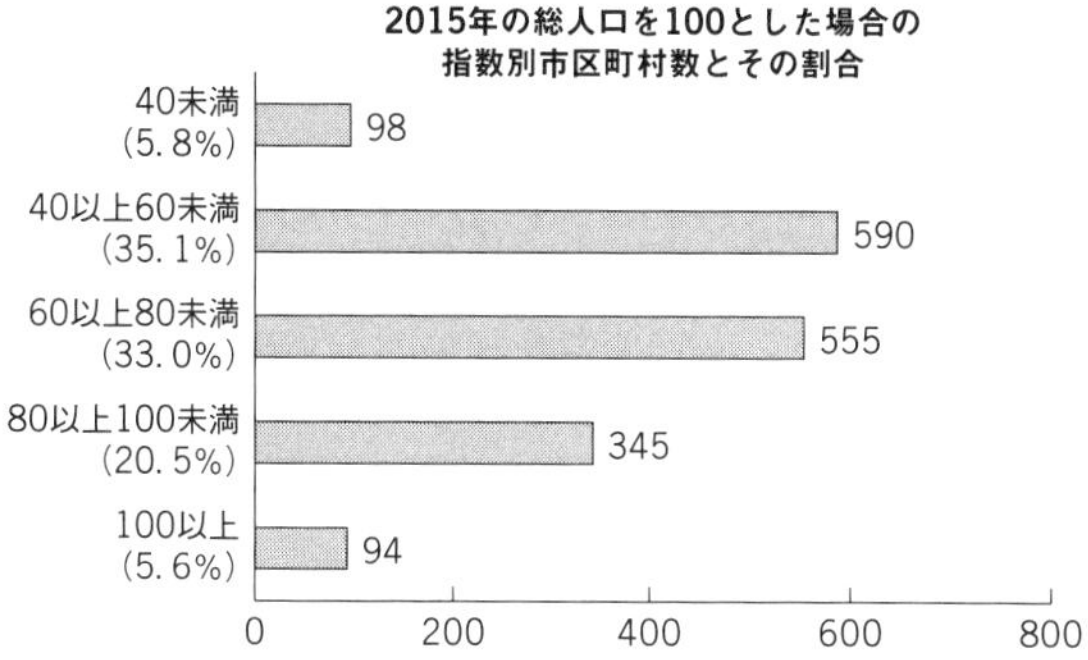

（出所）国立社会保障・人口問題研究所調べ。カッコ内は市区町村全体に占める割合

かたや地方を中心に地価が安い郊外開発が進み、公共インフラが後追いする「スプロール現象」が止まらない。東京都を除いて、市街地の目安である「人口集中地区（ＤＩＤ）」を46道府県の県庁所在地でみると、２０１５年のＤＩＤ面積は１９７０年と比べ約２倍となった。一方でＤＩＤ内の人口密度は政令市で16％、それ以外の都市で30％も低下している。このままでは人口減が進めば、「交通や医療・福祉といった公共サービスの提供が将来、困難になりかねない」（国土交通省）。自治体の税収が減るのに過剰ストックの維持費だけがかさむ負のスパイラルに陥りかねないのだ。

このリスクを抑えるために国が打ち出したのが

立地適正化計画の仕組みイメージ

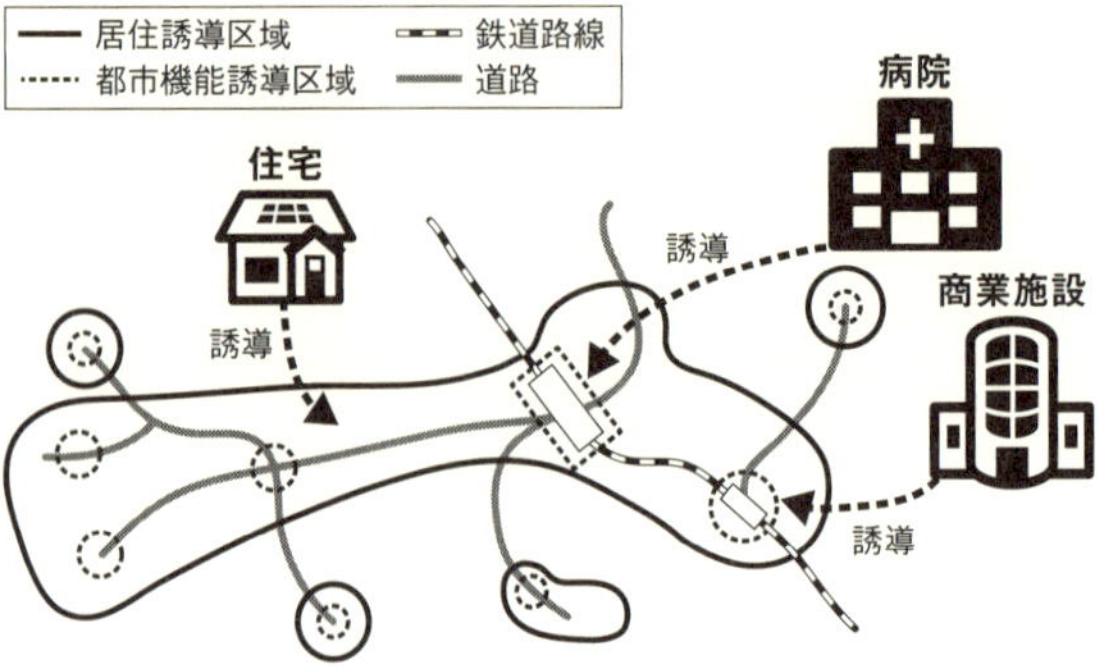

コンパクトシティー戦略だ。都市の密度を高めれば1人あたりの行政費用を減らせる。国交省は2014年に都市再生特別措置法を改正して制度を整え、補助金などを通じ、具体策となる「立地適正化計画」を策定するよう市町村に促した。

立地適正化計画は住宅や店舗、公共施設などを街なかに集約するために「誘導区域」を設定し、補助金や税制優遇、規制緩和を通じて区域内に対象施設の立地を促す。誘導区域は2種類ある。病院や福祉施設、学校、商業施設、役所といった地域住民に必要な施設を集める「都市機能誘導区域」と、住宅を集める「居住誘導区域」だ。都市機能誘導区域を先行して定める自治体も多い。

都市計画には開発を優先的に進める「市街化区域」

と、開発を抑制する「市街化調整区域」の区分けもある。こうした既存の区分けに対し、居住誘導区域は市街化区域より絞った範囲内に設定しなければならない。

誘導区域外の開発は禁じられてはいないが、誘導対象の施設や一定規模以上の住宅を建てる場合は自治体への届け出を義務付けている。届け出を受けた自治体は事業者に対して代替地のあっせんや勧告などを働きかけられる。建設の変更を事業者に勧告できるため、無秩序な開発を止める効果に期待が集まっていた。

街を集約する「立地適正化計画」が機能せず

日本経済新聞はこの制度がどれほど機能しているのかを探るために、2017年末までに計画をつくった116市町に、その進捗を問う調査表を送付した。調査した期間は2017年11月から2018年3月までで、聞き取りを含め全市町の回答を得た。

そこから浮かんできたのは、計画の実効性が極めて乏しい実態だった。

2018年1月末までに都市機能と居住の誘導区域外で開発や建築などの届けがあったのは全体の56％にあたる65市町で、合計1098件。うち32市町、届け出の件数ベースで58％

何も手を打たないケースが過半

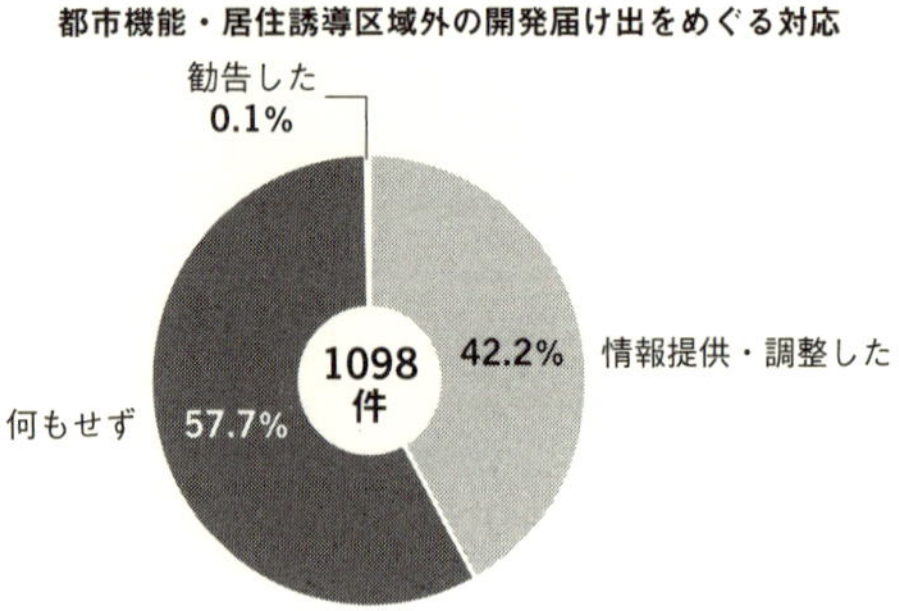

（出所）日本経済新聞調べ

郊外の開発規制緩和を見直す機運は乏しい

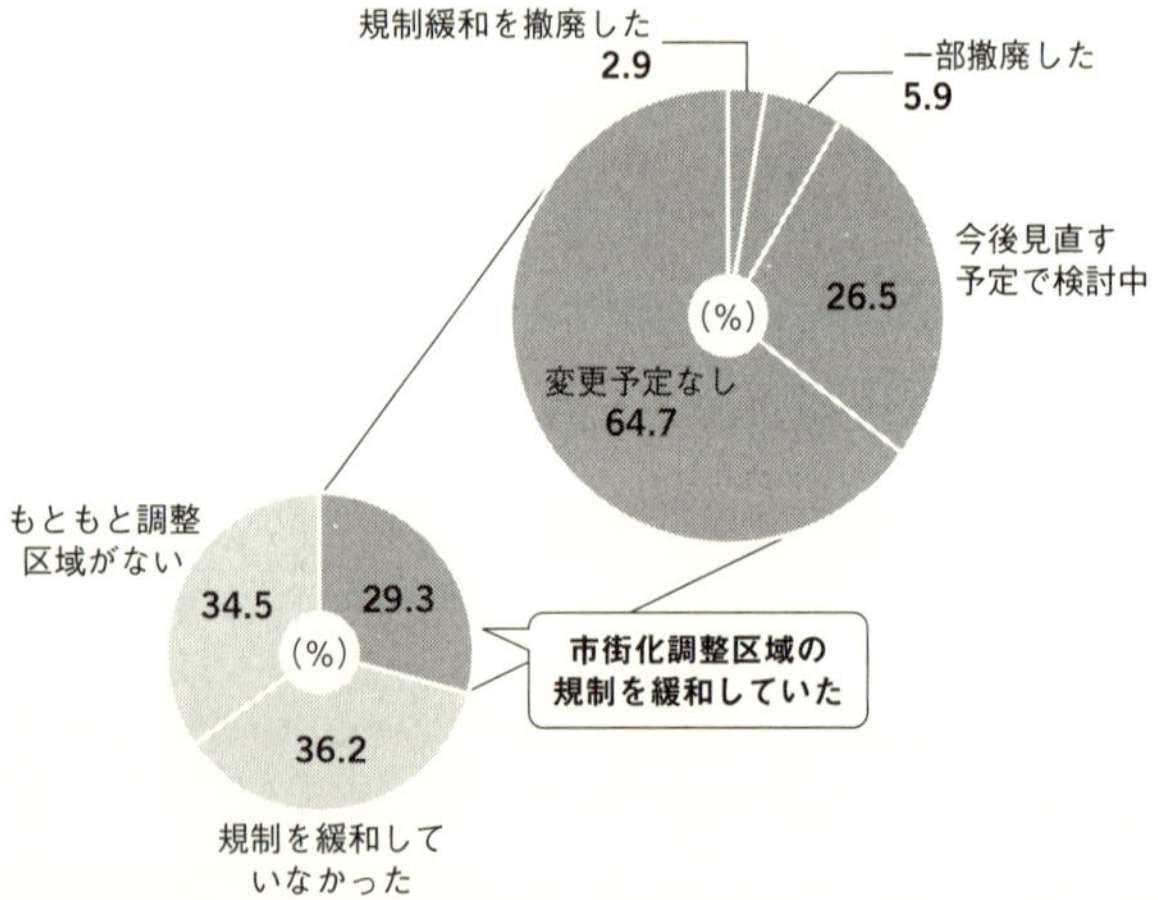

（出所）日本経済新聞調べ

が手を打たなかった。制度の説明や規模縮小の依頼など「情報提供・調整」をしたのは42％だったが、建設計画を変えた事例はなかった。

届け出が175件と最多だったのは熊本市だ。各事業者に対して、今後の事業については誘導区域内で検討するようお願いする「事務連絡」と題した文書を渡したというが、2018年3月時点では誘導区域内での開発を促す支援策がなく、事実上の黙認となった。市の郊外地域では農地から宅地への転換が進むほか、診療所や大型店の建設も進む。

象徴的なのは2016年の熊本地震で被災した熊本市民病院の再建だ。建物の倒壊の恐れが出てきたため、熊本市は移転して再建することを決めたのだが、その移転先が実は都市機能誘導区域外なのだ。もともとの場所から東へ約2キロメートル離れた公務員住宅の跡地なのだが、市の担当者は「高速道路のインターチェンジに近く、近隣に自衛隊の駐屯地や消防署もある利点がある。それから、誘導区域内に適当な土地がなかった」と釈明する。

そもそも市が自ら設定した都市機能誘導区域に施設を集める余力がないというのも理解しがたい。事業者に誘導区域内での開発を求める立場でありながら、区域外への病院移転を決めたのはダブルスタンダードではないのかという疑問も残る。

地方都市では郊外の住宅開発が止まらない（熊本市）

水戸市は福祉施設や保育所など誘導対象の郊外開発が12件あった。市の担当部門の釈明はこうだ。「市場原理というか、駐車場をたくさん確保できて、地価が安い郊外に事業者は流れてしまう。事業者が計画を動かしようがない段階で届け出てくることもあり、行政としては口出ししようがない」。誘導区域内も新設はなく、「もっと早く、市から誘導区域内に誘致するか、魅力のある条件を示せるようにしたい」という。

3割が郊外開発の規制を緩和

勧告を実施したのは神奈川県藤沢市のマンションに対する1件だけ。それも津波で浸水の恐れがある地区だった。ただ、浸水リスクが高い地下住戸の取りやめを求めただけで、立地は元の計画のままだ。居住を街なかに誘導するという本来の趣旨に沿った対応とは言いがたいのではないだろうか。

「立地適正化計画の制度はきちんと活用すれば機能するはず。勧告など使える手をもっと使うべきだ」と説くのは京都大学の諸富徹教授だ。勧告に強制力はないが、「誘導区域外の新規開発地区への行政サービスを後回しにするくらいの姿勢を見せなければ、むやみな郊外開発は止まらない」。

だが、日本経済新聞の独自調査では郊外開発を抑制するどころか、アクセルを踏んでいる実態も見えた。本来は法的に都市開発を厳しく制限する「市街化調整区域」。要件さえ満たせば宅地や店舗を開発できる独自の規制緩和を温存する自治体があるのだ。

立地適正化計画を持つ自治体の3割の34市町が規制を緩めていたと回答した。このうち札幌や富山、岐阜など22市町が緩和をやめない方針を示した。9市町が「見直す予定で検討中」で「(緩和を)撤廃した」はわずか1市、「一部撤廃」は2市にとどまった。

規制を再び強化することに及び腰なのは対象地区の住民が増えにくくなり、街の集約に反発が起きかねないからだ。2005年に4市町が合併した兵庫県たつの市の場合は、過半が市街化調整区域に住んでいる。市の担当者は「地域コミュニティー維持には規制緩和は必要だ」と訴える。

ある自治体首長の本音

「コンパクトシティーっていうのは、そこから外れたところに住んでいる人はのたれ死ぬっていうこと?」

ある北関東の主要市の首長が日本経済新聞の取材に対して、記者に問いかけてきた言葉だ。首長の率直な発言は高齢化と人口減少に直面し、衰退リスクを抱える多くの自治体の本音なのかもしれない。コンパクトシティー政策を推進するうえで、決して無視はできないので、少し長いがその主張をご紹介しよう。

「人は住みやすいところに住んでいくもの。そこに病院や学校、保育園、介護施設を誘導していくものだと思う。街の中心に誘導していくと地方都市は農村から潰れていく。住民が地域を守っているという面もある。住まなくなったら誰がその農村を守るのか」

「うちの市は工場が分散して建っており、工場の近くに職住近接で住みたいというニーズがある。それから弱点は道路で、現在も通勤時間帯の街なかは渋滞がひどい。これ以上、人が市の中心部に集まると、さらに渋滞が激しくなるので困る。工場を増設したいという要望や、新しく市内に工場を建てたいという要望が引きも切らないので、市としてはそれに対応しなければならない」

「10年以上住んでいるなど一定の条件を満たせば市街化調整区域内に家を建てられるように規制を緩和した。今もこの規制緩和に従って、年間200件以上の着工がある。農家のおじいさんにしてみれば、高齢で農業をしなくなって、その農地が売れる。『3反売れば一生食っていける』というようなものだ。買う方も安く買える。集落内にコミュニティーを維持するという目的だけど、みんな喜んでいる。放っておいたらどんどん人口が引き算になっていく。この規制緩和で、足し算にはならないけど、プラマイゼロくらいにはなる」

「コンパクトシティーを整備して本当に行政コストが下がるのだろうか。たとえばどんどん周辺の集落から中心部に人が移住していって、年寄り5人しか住んでいない集落なんか出てきたら、そのほうが行政コストは上がるのではないか」

一貫してコンパクトシティーに否定的な見解を示しているが、不思議なことに、この市は立地適正化計画をつくっている。すでに2017年3月に都市機能誘導区域を公表し、今は居住誘導区域を含む計画を策定中だ。

ただし、居住誘導区域外での開発の届け出があっても、勧告などの手を打つようなことはしないつもりだという。担当者は「30日前に届け出られても、決まっていることに対して何も言えない」という。

いったい何のために立地適正化計画をつくり、コンパクトシティーの旗を掲げているのか。もちろん各市町では誘導区域に施設や住宅が立地する事例はある。ただ郊外開発を容認したままでは水道やゴミ収集など行政サービスの負担は増し、根本問題は消えないのである。都市政策に一貫性、整合性がない自治体があまりにも多いことに首をかしげざるを得ない。

東京工業大学の中井検裕教授は「立地適正化計画は中心拠点以外の地域をどうするかの視点がない」と指摘する。居住誘導区域外は新規立地規制を厳しくするのも一案という。京都大学の諸富徹教授は「市街化調整区域で開発を認める規制緩和はやめるべきだ」と訴える。

米国の一部都市では中心部に移る人に補償金を出す制度や、空き家を自治体が保有し利用希望者に渡す仕組みがある。コンパクトな街づくりのため自治体にもっと強い手段を持たせる時期にきている。

自発的な動きは少なく

日本経済新聞の調査では、コンパクトな街づくりを目指す立地適正化計画の策定が自治体の自発的な動きではないことも鮮明になった。

立地適正化計画をつくった理由については8割超が「コンパクトシティーが必要」と答えたが、「国の補助事業や支援措置の申請に必要」が78%、「国交省や都道府県に勧められた」も20%に達した。計画をつくると中心部に都市機能を誘導するときに補助金が出るからだ。ある自治体は「補助金を得る目的が大きい」と明かす。

立地適正化計画の開発抑制効果については計74%が「効果的」「やや効果的」と答え、「あまり効果的でない」は25%だった。

唯一「効果的でない」としたのは千葉県流山市だった。都市計画課の担当者は「勧告や

立地適正化計画を策定したきっかけ（複数回答）

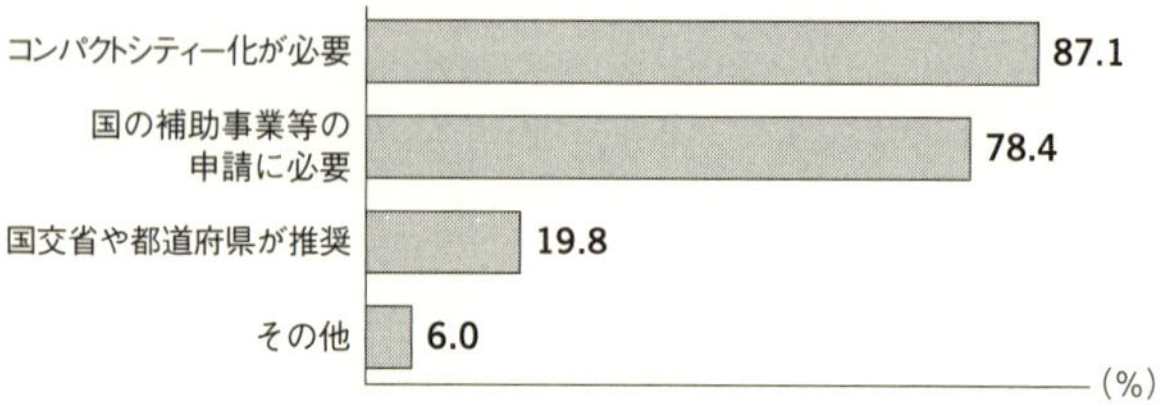

計画の効果を感じる自治体ばかりではない

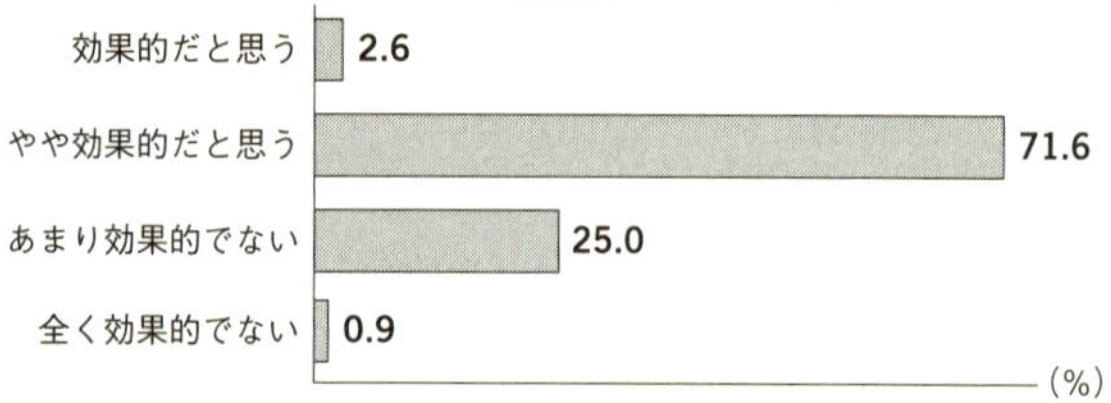

（出所）日本経済新聞調べ

あっせんは土地の権利やお金の問題になる。売買契約を結んだ後に『ほかの場所にしてほしい』と要請できない。同じ価値の土地、利益が生まれる土地を行政が提示できるのか。居住誘導の予算として1年前から10億円を条例で確保するようなことは今の自治体にはできない。区域内の土地を買うとプラスアルファの支援が受けられるといった民間が実感できる補助の仕組みがあればいいと思う」と語る。

2018年1～3月に立地適正化計画を定めた自治体は20以上、検討中は240超。同じ都市圏なのに各自治体が個別最適を求めると、無駄な公共施設の建設、住民や大型店の奪い合いに陥りやすい。

地域再生の支援事業を手がける一般社団法人エリア・イノベーション・アライアンス（東京・品川）の木下斉代表理事は、「自治体単位ではなく、同じ都市圏で組合などをつくり、複数自治体で都市機能を最適配置する取り組みを支援すべきだ」と指摘する。

立地適正化計画に関する調査

（単位%。四捨五入したため合計が100%とならない場合がある）

Q1.立地適正化計画の策定時期・内容を教えてください

時期		**内容**	
2015年度中	3	都市機能誘導区域のみ策定	40
2016年度中	90	都市機能誘導区域・居住誘導区域双方を策定	60
2017年4〜12月	7		

Q2.立地適正化計画を策定した理由をすべて選んでください（複数回答）

今後の自治体のあり方を考えた際、コンパクトシティーの形成が不可欠だから	87
国土交通省や都道府県に勧められたから	20
国の補助事業や支援措置等の申請に必要だから	78
その他	6

Q2SQ.（「国の補助事業や支援措置等の申請に必要だから」と回答した自治体に）内容をすべて選んでください（複数回答）

社会資本整備総合交付金	99
誘導施設の容積率緩和	0
コンパクトシティー形成支援	10
その他	2

Q3.都市機能誘導区域に関してお聞きします。策定から平成30年1月末までに（区域外での開発の）「届け出」はありましたか

開発行為（土地の造成を伴う病院や商業施設などの建設、あった）	21
開発行為以外（病院や商業施設などの新設や改築、あった）	28

Q4.Q3で「あった」と答えた自治体にお聞きします。「情報提供等」や「調整」をしましたか

開発行為（した）	58
開発行為以外（した）	53

Q5.Q3で「あった」と答えた自治体にお聞きします。「勧告」、「あっせん等」は行いましたか

開発行為（した）	0
開発行為以外（した）	0

Q6.居住誘導区域に関してお聞きします。策定から平成30年1月末までに（区域外での開発の）「届け出」はありましたか

開発行為（土地の造成を伴う住宅や老人ホームなどの新築、あった）	63
建築等行為（住宅や老人ホームなどの新築や改築、あった）	51

Q7.Q6で「あった」と答えた自治体にお聞きします。「情報提供等」や「調整」をしましたか

開発行為（した）	57
建築等行為（した）	50

Q8.Q6で「あった」と答えた自治体にお聞きします。「勧告」、「あっせん等」は行いましたか

開発行為（した）	0
建築等行為（した）	3

Q9.立地適正化計画の策定前、市街化調整区域に建築規制の緩和措置を設けていましたか

設けていた	29
設けていなかった	36
市街化区域・市街化調整区域の線引きがない	34

Q10.Q9で「設けていた」と答えた自治体にお聞きします。立地適正化計画の運用に伴い、その緩和に変更を加えますか

既に撤廃した	3
一部撤廃した	6
今後見直す予定で検討している	26
変更する予定はない	65

Q11.立地適正化計画の策定は、区域外の開発行為等の抑制に効果的だと思いますか

効果的だと思う	3
やや効果的だと思う	72
あまり効果的でない	25
全く効果的でない	1

Q12.立地適正化計画に関する意見や、国土交通省や都道府県等への要望、都市計画のあり方に関する意見等があれば教えてください（自由記述、抜粋）

- 各都市の都市基盤・土地利用の状況、人口減少の傾向はそれぞれ相当の差がある。立地適正化計画は各都市の状況に合わせたストーリー構築が不可欠だ。（札幌市）
- 人口減少、少子高齢化に伴う課題は、都市計画制度・事業のみで解決するのは困難だと思われる。立地適正化計画の中で庁内連携、政策横断的な措置がどのようにできるかが課題解決に向けた重要なポイントだ。（宮城県大崎市）
- 市町村の成り立ちや現状、課題などは様々。全国統一基準といえる立地適正化計画の推進に若干の違和感を覚える。東京への一極集中を是正することも必要ではないか。（群馬県太田市）
- 立地適正化計画に基づく補助事業ありき、市街化区域の縮小ありきの評価軸だけではなく、真剣に自治体の存続を目指す計画に対して正当な評価をしてほしい。（埼玉県毛呂山町）
- 現在の国庫補助制度は居住誘導に関する施策が少ない。国の支援をお願いしたい。（新潟県長岡市）
- コンパクトシティー形成の必要性を社会の共通認識として浸透させることが大きな課題だ。（福井県越前市）
- 立地適正化計画制度の想定が大都市にあると思われ、公共交通に乏しく自家用自動車に頼る町村単位の小規模都市では都市機能誘導など困難な部分が多い。（福井県越前町）
- 本市は合併によってできた広大な地方都市だ。市街化区域、市街化調整区域、都市計画区域外と多種の区域が存在し、全体の整合が必要。（滋賀県東近江市）
- 届け出の段階ではほとんど案件について契約や計画が固まっている。その計画変更までを求めるのは難しくコントロールできない。（大阪府枚方市）
- 居住誘導区域に対する国の支援措置が手薄であるため、充実が望まれる。（岡山県高梁市）
- 住民の生活圏と行政区域は必ずしも一致しないので、同一都市圏は同じ方針で取り組めるような仕組みが必要だ。（山口県周南市）
- 居住誘導区域や都市機能誘導区域は市街化区域内に設定しなければならず、集落の拠点における都市機能や居住のあり方については、位置づけが不明瞭だ。（高知県南国市）

（出所）日本経済新聞調べ

2　現場で見えた「優等生」の苦悩

富山市、人気エリアは地価が安い郊外に

コンパクトシティーの形成がうまくいっていると評されている自治体も悩みを抱えている。その代表例が富山市だ。そこには地方都市の街づくりが抱える課題が凝縮されている。

2018年1月、雪の降りしきる富山市郊外のベッドタウン、婦中町を訪ねると、そこかしこで真新しい戸建て住宅が目に入ってきた。この一帯は2000年の開業時に北陸最大級の大型ショッピングセンターとうたわれた「フューチャーシティー・ファボーレ」を核として、国道沿いに家電やスポーツ用品などの大型量販店も立ち並ぶ。2月には新たに病院も開業した。

もともとこの辺りは四大公害病のひとつ「イタイイタイ病」を引き起こしたカドミウムの土壌汚染による休耕田が多く、本来は開発を厳しく制限すべき「市街化調整区域」を含む。だが、復元した農地の住宅地や商業施設への転用で活発な開発が続き、利便性の向上ととも

に人口も流入している。富山市全体の2018年3月末の人口は10年前と比べ微減だったのに対し、婦中地域は8%増えた。

地元の不動産業者はこう解説する。「婦中町は市中心部と比べて土地が安い。ここ数年の住宅建設で地価が上がったとはいえ、まだ中心部の半分以下だ。50坪の物件でも土地と建物を合わせて2500万円で買える。私たちも『4LDKの家が3000万円以下で買える』というのを売り文句にしている」。JR富山駅までは電車で3駅、車で20分ほどの距離。市中心部への通勤などにも便利なため、「ファボーレで買い物する若い世代が家を買っている」。子どもの増加で、周辺の小学校や中学校の教室には不足感が生じているそうだ。

開発の勢いは衰えておらず、2017年末に売り出された15軒分の宅地は年明けにすぐ完売したという。「まだ住宅開発が続くとにらんで、富山や金沢の不動産業者がこぞって田んぼを買いに来ている」。富山市もこうしたニーズに応えようと、調整区域の建築規制を緩めたままにしている。

「内も外も」の矛盾

富山市はコンパクトシティーの「優等生」として知られている。「持続可能な都市経営」を標榜する森雅志市長が２００２年から旗を振り、様々なしかけを打ち出してきた。

代表例が公共交通網の整備だ。利用者減が続いた旧ＪＲ富山港線は次世代型路面電車（ＬＲＴ）に生まれ変わり、「富山ライトレール」として２００６年から運行している。中心部は自動車も通る軌道を走り、郊外部では鉄道専用区間を走る仕組みで、旧路線に比べて運行間隔を短くしたり、終電を遅くしたりして利用者確保に努めた。

ＬＲＴはスタイリッシュな見た目も相まって、今や「まちの顔」ともいえる存在感を放つ。市によると、旧路線と比べた利用者数は平日が２・１倍、休日が３・４倍に伸びた。ＬＲＴ整備を目指す他の自治体関係者の視察も相次ぐ。

富山市が取り組んだもうひとつの特徴的な施策が、中心市街地や公共交通沿線への住宅誘導を狙った補助金制度だ。

住宅の建設会社や購入者を対象に、マンションなどの共同住宅は１戸あたり70万～１００万円、戸建て住宅は30万～50万円を支給する。２０１７年３月までに約３９００戸に対して

14億円強を投じた。市都市計画課は「補助金の多寡が重要なのではなく、市の取り組みを周知するツールとして意味がある」と話す。

一連の政策が奏功して中心部ではここ数年、マンションの建設が相次いでいる。人口も2016年までの10年間で計874人の流入超となった。2018年1月時点の市の公示地価（全用途平均）も4年続けて上昇した。

そんな富山市でも郊外開発には歯止めがかかっていないのが実情だ。都市計画課の担当者は「誘導区域外での開発は残念だが、そういう選択をする人も認めないといけない。我々は規制強化ではなく、あくまで誘導策でコンパクトな街づくりを進める」と釈明する。

こうした意見に対し、都市計画が専門の外資系コンサルタントは懐疑的な目を向ける。「規制に踏み込まず、誘導策を通じたコンパクトシティーの実現には膨大な時間がかかる。日本の人口減は急ピッチで進むのに、非常に緩いやり方だ」

市が注力するLRT事業は運行収入で賄いきれない施設の維持管理費を市が補塡しており、まちなか誘導の住宅補助金に対しても「ばらまき」批判がつきまとう。コンパクト化政策は市財政にも相応の負荷をかけている。市全体の人口も減少に転じる中、「内も外も」という開発を認める余裕はいつまであるだろうか。

市外に消費が流出

富山市の中心商店街の一角で2016年6月に開業した複合商業施設「ユウタウン総曲輪」。84億円の事業費の半分近くを国や地元の補助金で賄った再開発事業だ。映画館やホテル、飲食店などが入り、閉鎖店舗ばかりで閑散としていたエリアの活性化を狙っていた。

ところが、販売不振などで1年たたずにテナント3店が撤退した。「当初は認知度が低く苦戦したものの、駐車場の稼働率は上向き、ホテルの稼働率も高い」。施設の管理者はこう説明するが、投資に見合う成果が十分出ているとは言いがたい。

富山市でも全国の地方都市と同様に、中心商店街の活性化は果たせていない。

商業地区の日曜日の歩行者数は2016年に5年前比で17%増やす目標を掲げていたが、実際は14%減ってしまった。小売販売額も2014年までの10年間で約3割落ち込んでいる。

「富山は中心部の魅力が乏しく、近隣市の大型店に買い物客が流れている」。北陸で街づくりを支援するコンサルティング会社はこう指摘する。県内では2015年、イオンが砺波市、三井不動産が小矢部市、会員制量販店「コストコ」が射水市にと、相次いで大型商業施設を開業した。さらに2019年秋には高岡市でもイオンが既存施設の増床を予定し、顧客争奪戦の様相が強まる。富山市の中堅幹部は「本来は県が都市開発の広域調整に乗り出すべきなのに……」とこぼす。

2000年代の地方分権改革で街づくりの主導権は市町村に移った。これをきっかけにし、それぞれの自治体が住民獲得や税収拡大を目指して大型施設を誘致するなど、全体最適ではなく部分最適の街づくりに走り始めた。広域で調和のとれた都市整備という視点は失われてしまったのだ。

街の集約に本気で取り組む自治体があっても、同じ都市圏で無秩序な開発が進めばコンパクト化は絵に描いた餅に終わる。富山市の抱える矛盾は自治体単位で都市の将来像を描くことの限界を浮き彫りにする。

富山市の中心市街地は人口の転入超が続くが…

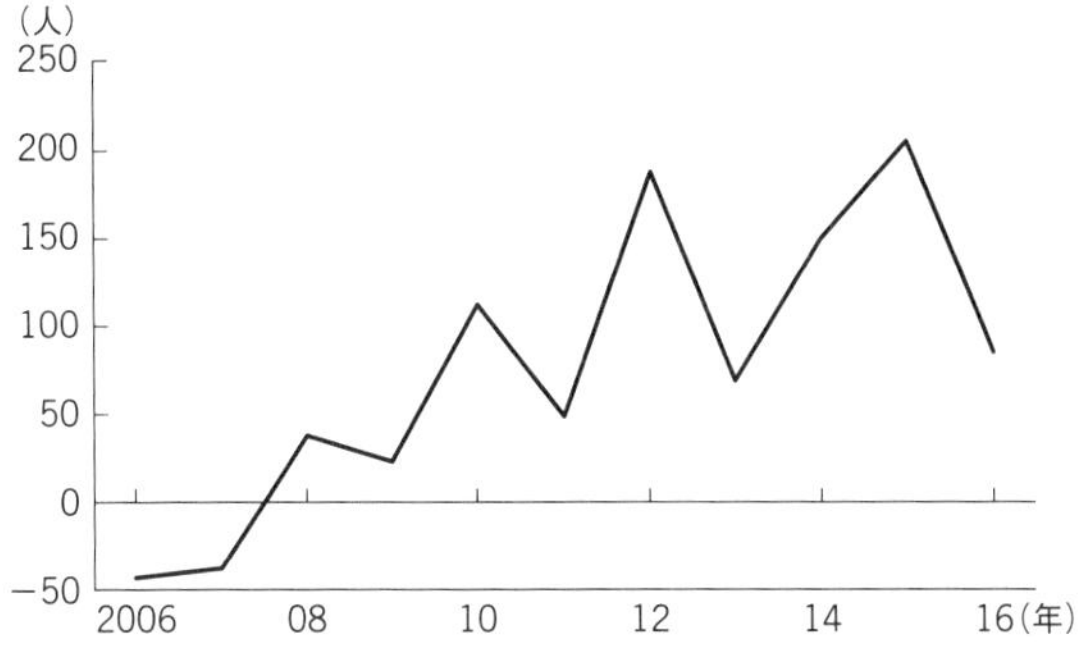

(注) 転入から転出を引いた社会増減

小売販売額は低迷

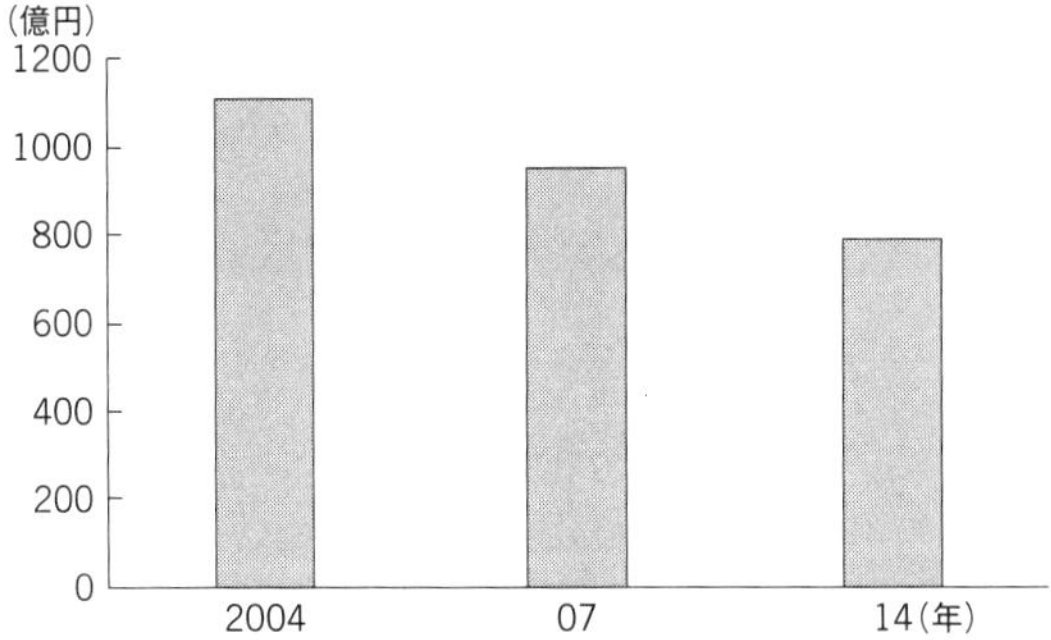

和歌山市、規制強化の衝撃

２０００年の地方分権改革で市町村に都市計画の権限が移ってから、郊外開発の規制を緩める動きが相次いだ結果、住宅や店舗が無秩序に広がっていった。多くの自治体がそれでも郊外開発を容認する中、こうした現状に危機感を抱いて規制緩和の見直しに動いたのが和歌山市だ。ある意味、コンパクトシティー形成に真摯に取り組もうとする「優等生」ともいえるが、課題解決にはほど遠く、地元では困惑の声も出ている。

和歌山市郊外の岡崎地区。２０１７年11月に訪ねると、田畑が広がる中で新しい一戸建てが連なる風景に出くわした。

「のどかな環境がいいなと思い、1年前に和歌山駅近くから引っ越してきた」。約10棟が立つ区画で2人の子どもを連れていた主婦に聞くと、土地の安さも判断の決め手になったという、「周りに引っ越してきた人たちはみんな若い世代だ」と教えてくれた。すぐ隣の区画でも新しい分譲用宅地が造成中だった。

岡崎地区の大半は本来、住宅建設が厳しく制限される市街化調整区域だが、農地から宅地への転換が急速に進んだ。

きっかけは２００５年に市条例で導入した「50戸連たん制度」だ。２００１年に市街化調整区域の規制緩和条例を制定したことに続く追加措置だった。50戸連たんとは建築物の敷地相互の間隔が近く、50戸以上の建築物が連なっている状態を示す。こうした地区に隣接していれば、分譲住宅を建設できるようにしたのである。

こうした規制緩和は和歌山市に限らない。本章第1節の日本経済新聞の調査を見ても分かるように、多くの自治体が導入している。どこも狙いは同じ。商業施設や住宅の開発余地を増やすことで、住民を呼び込むために規制を緩めている。

実は和歌山県内で市街化区域と市街化調整区域の「線引き」をしているのは和歌山市だけだ。このため、１９９０年代に不動産価格が安い隣接する岩出市と紀の川市に住民が流出してしまった。これらの市をつなぐ国道24号線の開発が進み、その沿線に住宅が次々と建っていったのである。２０００年代に入ってからの和歌山市の規制緩和には、住民流出をなんとか食い止めようとする切実な目的があったのだ。

ところがこれが裏目に出てしまう。都市計画課の担当者によると「数珠つなぎのように住宅が際限なく郊外に広がってしまった」というのだ。

種地取り合い、坪単価1割上昇も

副作用に気付いた市は2017年4月に50戸連たんの原則廃止を柱とする規制再強化に踏み切った。規制を緩和する区域も鉄道駅や小学校の周辺に限定する措置も打ち出した。市のホームページには見直しの理由として「現在、人口減少と高齢化が進む中、住宅や店舗等の郊外立地が進み、一方でまちなかの空洞化・低密度化が進行しています。また、郊外においても集落の分散が進行しており、このままでは、拡散した居住者に対して、ゴミ収集や道路・上下水道等の整備、福祉の提供等の行政サービスが非効率化し、結果として市民の皆さまの生活に影響を及ぼすことになります」と記している。

これに慌てたのが地元の不動産業者だ。規制強化前の2017年1〜3月は調整区域の開発申請が27件と、前年同期より約4割も増加。その後は開発できる土地は大幅に減った。くだんの岡崎地区で造成が続いていたのは、駆け込み申請案件の消化だったのだ。

「種地が取り合いになり、仕入れにくくなった」。不動産取引を営む際（和歌山市）の中林英樹専務はこう嘆き、「この1年間で坪単価が1割も上がった地区もある」と明かす。

中心市街地では値上がりを狙う地主が土地を手放さなくなる一方、所有者不明の空き地や

規制再強化前には駆け込み需要が発生

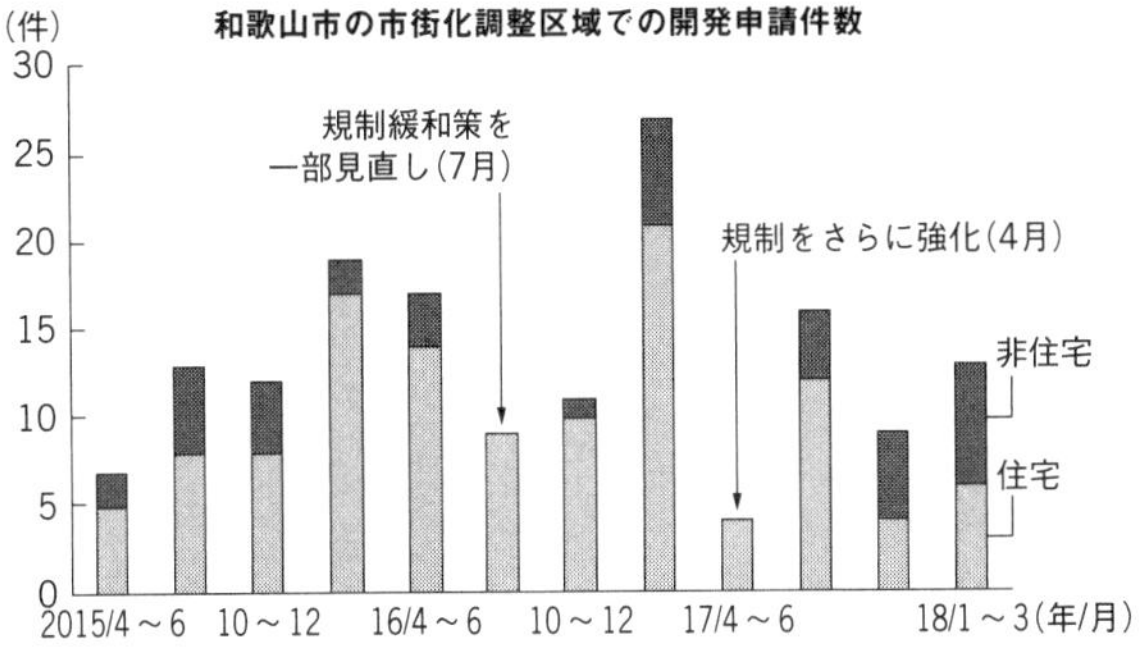

空き家が増えている。都市の活性化にはほど遠く、別の不動産会社の会長は「土地が動かなくなった。これから私たちはどうやって食っていけばいいのか」と頭を抱える。

農家も複雑な心境だ。和歌山市農業委員会の谷河績会長は「いい農地がある市街化調整区域は開発を規制したらいい。だが後継者がいない農家が土地を売るのもやむを得ない。そこが難しい」と語る。市街化調整区域のほうが市街化区域より固定資産税は大幅に安く済むうえ、都市計画税も払わない。にもかかわらず、市街化調整区域の坪単価が1万円ほど高い場所も出てきたと指摘し、「大きな矛盾を感じる」という。

郊外に移ってきた住民と農家の間にも溝が生まれている。

和歌山市農業委員会の職員がこう証言する。「後継者不足の問題もあるけど、残っている人は農業を続けていきたいという思いがある。しかし市街化調整区域で分譲住宅がどんどんできると、まわりの営農条件が悪くなる。朝早くからトラクターを動かしたり、消毒したりすると住民から農家や農業委員会に苦情が入る。ますます農業がやりにくくなるという悪循環が生まれてしまった」

後継者がいなくなって、売り先がない農地が放置されれば、そのまま荒廃し、環境は悪化するというジレンマも抱える。

空き家対策も必要

和歌山市はコンパクトシティー形成に向けた2017年3月に立地適正化計画を公表し、都市機能誘導区域を設定した。2018年10月からは居住誘導区域も運用。この実効性を高めるために、郊外開発の規制を強める決断は理にかなったものといえる。だが単純に規制を強化するのではなく、その副作用を緩和する手立てが必要だ。地元の不動産業者からは「中心部の空き家を更地にすれば我々が干上がることもなく、中心市街地にもっと住民や店舗を呼び込める」との声が上がる。

多くの自治体は和歌山市のような規制強化には及び腰だ。郊外の集落から反発が起きるのを恐れている側面が強いが、意欲だけでは乗り越えられない。空き家対策や就農支援などを含めて横断的に課題を解決する必要がある。「和歌山市の衝撃」を後ろ向きに捉えるのではなく、コンパクトシティー実現に向けた糧とすべきだ。

3 抜け落ちた防災の視点

9割で浸水想定区域に住宅誘導

2018年夏に発生した西日本豪雨など大規模な洪水被害が近年相次ぐ日本列島。安全と信じられていた街が水没し、多くの人命が失われた。国や自治体の関係者、住民の多くが経験したことのない被害に直面し、「想定外だ」と口をそろえる。天災への備えは十分だったと言えないだろう。

「浸水リスクが高いところに住民を誘導するのはおかしい」――。

コンパクトシティー政策の取材を進めていたさなかに、ある自治体の立地適正化計画の策定にかかわる委員会に参加していた有識者に「何か計画に矛盾を感じるところはないか」と問うたときに、こんな一言が返ってきた。すでに整備されている居住区域や交通網、生活拠点が大前提となって計画づくりが進み、災害リスクについて深く検討されていないという主張だった。

全国でコンパクトシティー形成を目指す立地適正化計画の策定が進んでおり、120以上の市町が居住を誘導する区域を設定している。都市密度を高めて1人あたりの行政費用を抑えるためで、区域外の開発には届け出を求めている。

その一方で各自治体は洪水時の浸水予測をハザードマップなどで公表している。0・5メートル未満の浸水であれば床下浸水ですむが、1メートル以上の浸水であれば一戸建ての床上、3メートル以上であれば2階まで浸水する恐れがあるとされる。

はたしてそれぞれの立地適正化計画は自ら住民に示している災害リスク、防災政策と整合性がとれているのだろうか。くだんの有識者の話を聞くうちに、こんな疑問がふつふつと沸き、取材に着手した。

すると、立地適正化計画を掲げる主要な自治体の約9割で、浸水リスクの高い地区にも居住を誘導していることが判明した。こうした地区にはすでに住宅が集まっているケースも多く、都市の効率向上と災害対策を両立させる難しさが浮き彫りになったのだ。

浸水3メートル以上のリスクも

居住誘導区域の設定を2018年3月末までに発表した人口10万人以上の54市を対象に、調査表や聞き取りを通じて浸水想定区域との重なり具合を調べた。その結果、48市で1メートル以上の浸水想定区域の一部が居住誘導区域となっていた。うち45市は大人の身長に近い2メートル以上の区域とも重なっていた。3メートル以上の浸水の恐れを抱えているところもあった。

「床上浸水リスクは避けたほうがいい」。名古屋市の立地適正化計画を検討した有識者会議のある委員はこう主張した。2018年3月にできた計画をみると、庄内川沿いの広範囲で1メートル、2メートル以上の浸水の恐れがあるのに居住誘導区域となっている。

市の原案に対し、有識者の間には「リスクが高い地区に誘導する必要があるのか」との異

5割強が3メートル以上の浸水リスクがある地区にも居住を誘導

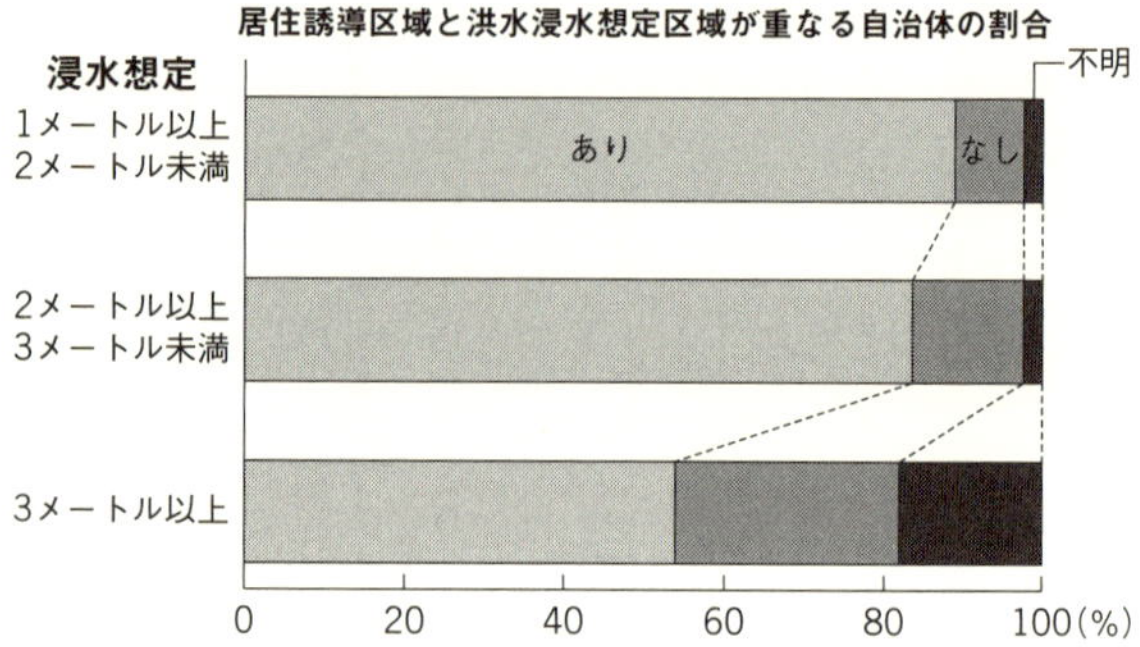

(注) 2018年3月末までに立地適正化計画を発表した自治体のうち、居住誘導区域を設定した10万人以上の54市が対象
(出所) 日本経済新聞調べ

論は根強くあったが、「すでに主要な交通網や市街地が形成されており、誘導区域から外すのは妥当ではない」と主張する市の事務局が押し切った。

浸水想定3メートル以上の地区は対象から外した。都市計画課の担当者は「2階に避難できるかどうかで判断した」と説明する。しかし、すべての住民が2階に素早く逃げられるわけではない。足腰の悪いお年寄りが階段を上るのは難しい。そもそも、1階で就寝していて逃げ遅れるリスクもあるのではないか。

浸水想定3メートルを判断の分かれ目にしている理由として市が挙げたのが、国交省によるハザードマップ作成の指針で示している配色区

1メートル以上であれば床上が水浸しになる

浸水レベルと建物被害の目安

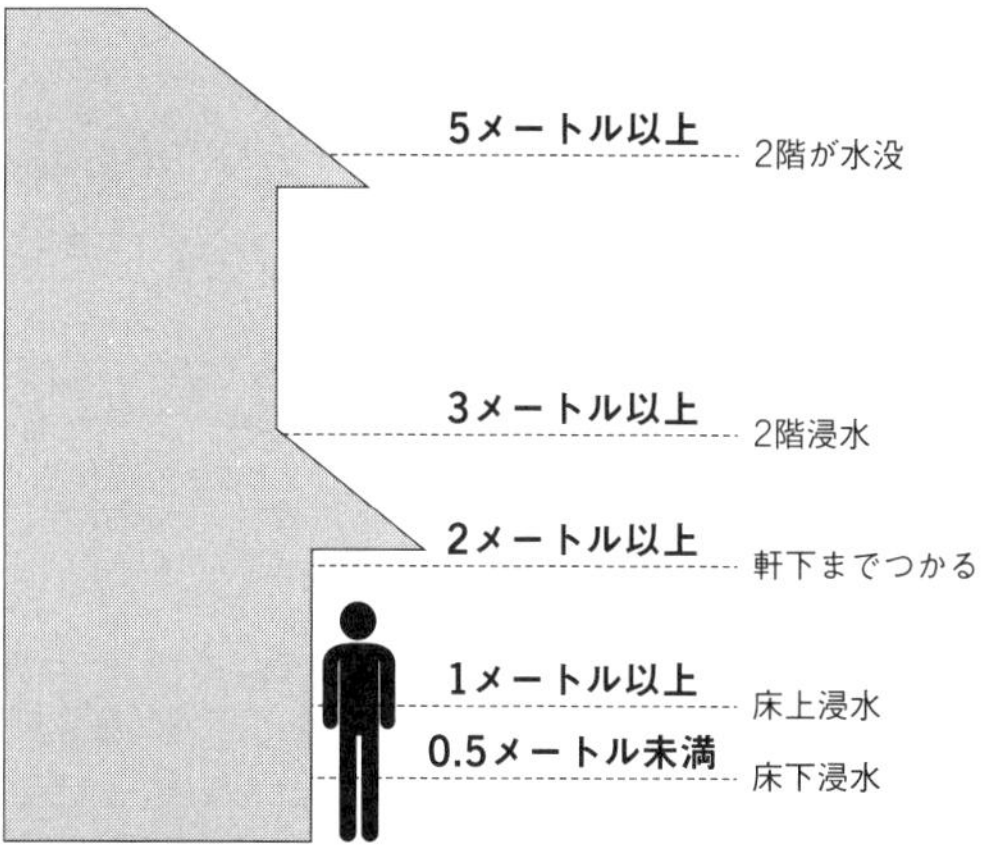

分だ。指針は「0・5メートル未満」「0・5メートル以上3メートル未満」「3メートル以上5メートル未満」「5メートル以上」に分けるのが標準的だとしている。だから市の担当者は「2メートルで区切る考えはあまりなかった」と主張する。

だが、これはあくまでハザードマップの作成に役立てるための指針だ。1級河川の場合は国、2級河川は都道府県がつくる浸水想定区域はもっと細かい区分で浸水リスクが示されている。そのデータは各市町村に提供されている。国交省の河川環境課水防企画室によると「都市計画づくりにあたっては、住民向けのハザードマップではなく、もっと手元にあるデータで詳細に防災リスクを検討すべきだ」と指摘している。

名古屋市の都市計画審議会会長を務める名城大学の福島茂教授はこうした課題を認識しているといい、「5年ごとに計画を評価する。合意形成を進めて区域を見直せばいい」と語る。

ほぼ全域が浸水想定区域のケースも

もちろん自治体によっては大きな河川のそばで、浸水想定区域をすべて避けるとまちづくりが成り立たない事情もある。

信濃川に沿って街並みがある新潟県長岡市は居住誘導区域のほぼ全域が0・5～5メートルの浸水想定区域と重なる。

淀川に面する大阪府枚方市も85％程度で1メートル以上、約6割で3メートル以上の浸水リスクがある。都市計画課は「浸水想定区域を除くのは極めて困難だ。洪水リスクの事前周知や避難体制の整備など対策を進める」と説明する。

居住誘導区域に占める1メートル以上の浸水想定区域の割合は、高知市のように1％と低い市もあるが、千葉県佐倉市、神奈川県大和市、大阪府高槻市など多くの自治体が「把握していない」と答えた。

多くの自治体は防災対策を施せば浸水リスクを軽減できると主張する。だが、立地適正化計画をつくる段階で、都市整備と防災の部署がどこまで細部を擦り合わせたか。

東日本のある自治体の防災担当は「居住誘導区域の詳細が分からない」と回答。都市整備担当も浸水想定区域との重複度合いについて「細かく把握していない」という。記者はこのようなたらい回しのような対応を多くの自治体から受けた。部署間の連携が欠如しており、実情はかなり心もとない。

豪雨被害を受け、計画見直しも視野に

西日本豪雨で被害を受けた広島県東広島市では、居住誘導区域で浸水があった。一部は浸水リスクが指摘されていた。

豪雨のあと2018年8月上旬に取材に応じた都市計画課の担当者は「居住誘導区域が今のままでいいとは思わないが、被害対策が最優先で都市計画の議論に着手できていない」という。居住誘導区域で洪水浸水区域と重なる部分が最も大きかった西条地区の被害は少なかったが、「雨の降り方によって被害に差が出ており、西条地区は洪水浸水のシミュレーションの中にたまたま入っただけともいえる」との認識だ。

見直す場合は各種の法令をにらみながらの作業になるという。「国が示す立地適性化計画の居住誘導区域の定めは抽象的な言い方である一方で、都市計画法に基づく市街化区域は土砂災害など災害の恐れがあるところは含めるべきではないとの定めがある。それぞれの法律で基準がまちまちなため、どう整合性をとるのかといった作業が必要だ」と悩ましげだった。

これまで見てきたような問題を少しでも克服するには、やはり手元にある都市整備と防災関連の情報を付き合わせることから始めるしかない。

土木工学に詳しい日本大学の大沢昌玄教授は「居住誘導区域内の浸水想定を詳細に分析すべきだ」と訴える。現状把握をすれば、リスクの度合いに応じて防災対策の優先順位を決めやすくなるという。そのうえでリスクが高い地域については「誘導区域からできるだけ除外したほうがいい」と強調する。

4 「負の遺産」となる過剰な公共施設

残る小中学校「3分の1」の衝撃

全国各地に約3万ある小中学校は2040～50年ごろになると、3分の1しか必要ではなくなる――。

東洋大学の根本祐二教授が2018年に公表した学校統廃合に関する試算結果は、行政や教育界の関係者でなくても衝撃的なものだった。根本教授は著書『朽ちるインフラ』で老朽化する道路や水道などの更新投資に莫大な費用が発生すると警鐘を鳴らした公共施設・インフラ研究の第一人者だ。

その「予言」はとりわけ重く響く。人口減少に伴って、これまで積み上げてきた公共施設が過剰になり、使わないのに財政負担だけがかさんでいくリスクを浮き彫りにしているからだ。しかも、コンパクトシティーを推し進めるためには、いずれ公共施設の統廃合は避けられない。自治体関係者は統廃合を決める際に住民の利害調整を避けて通れないことを知り、気が重くなるのである。

根本教授によると、試算では文部科学省が示す1学級あたりの児童・生徒数の目安（35〜40人）を用い、1校あたり18学級を標準とすることで、生徒数の適正規模を小学校は690人、中学校は720人と定めた。さらに国立社会保障・人口問題研究所の予測に基づいて、児童・生徒の総数が現状から3割減ると仮定し、これを適正規模で割り返して、今後残す必要のある学校数を算出した。

すると、小学校は約6500校、中学校は約3000校と、それぞれ現状から7割近く減る結果になった。

次のステップとして、自治体ごとに残る学校数も試算した。現在の小中学校を児童・生徒数が多い順に並べて、上から必要な学校数の分だけ抜き出すことで「存続校」を特定し、その数を自治体ごとに集計した。

小学校の場合、神奈川県は7割、埼玉県や東京都、大阪府は5割が残るなど、大都市圏に「存続校」が多い半面、島根県や和歌山県、高知県などの地方圏は1割しか残らないという結果になった。面積の広さから小学校が1000校以上、中学校が約600校あり、ともに

小学校が現状より「8割以上減る」と試算された自治体

	減少率（％）		減少率（％）
島根県	89.2	山形県	84.9
和歌山県	88.8	鹿児島県	84.8
高知県	88.7	福井県	84.2
岩手県	88.3	福島県	83.1
青森県	88.2	新潟県	83.1
秋田県	87.6	長崎県	82.4
山梨県	87.5	大分県	81.6
鳥取県	86.5	北海道	80.5
徳島県	85.5		

（注）東洋大学・根本教授の試算

東京都に次ぐ全国2位の北海道では、小中学校とも8割以上が不要になる。

市区町村では、「存続校」がゼロとなる自治体も小学校で約850、中学校で1000以上出てくる。小中学校を持たない自治体の子どもたちは、近隣自治体の学校に通うことになる。ITを活用した「遠隔教育」が普及する可能性もあるが、現在の学校教育をどこまで代替できるかは見通せず、いずれにせよ教育環境が悪化する子どもが増える恐れがある。

先手を打って統廃合を

根本教授が今回、小中学校の統廃合に

ついて試算したのは、公共施設の中で最も大規模な学校こそが「地域の拠点」になる施設だと考えたからだ。コンパクトな街づくりを進める上で核となる学校は一定の規模を持つ必要があり、その水準を満たす学校数を突き詰めると「3分の2は不要」という結論に至った。「小規模な学校のまま生き残れず、共倒れになる前に、児童や生徒数が十分な規模になるまで統廃合すべきだ」。根本教授は今回の試算を踏まえ、こう訴える。分析では、自治体が学校の統廃合を進める前提を置くと、将来の「存続校」の数が当初の試算値より増える傾向がみられた。

参考になるのが富山県魚津市の事例だ。市内の中学校は数十年前の再編を経てすでに2校しかなく、今回の試算ではいずれも「存続校」と判定された。他方で、小学校は現在10校あり、試算では残るのが1校、統廃合を進めれば2校という結果だった。

魚津市もすでに小学校の維持に対する問題意識を持っており、２０２３年度までに4校、より長期的には2校とする再編計画を立てている。地元では、すでに中学校が2校しかないため、小学校を集約する計画にもさほど抵抗感がないという。

「公共施設再編の肝は現状維持を目指すのではなく、むしろ最初に究極的な姿を示し、そこに向かって住民を巻き込みながら進んでいくことだ」。根本教授はこう主張する。

学校の統廃合が進むと、廃校や跡地をどう活用するかという課題も出てくる。

大阪市などでは大手不動産会社が跡地を購入してタワーマンションを建てる動きもあるが、子育て世帯が流入して学校が不足するという「本末転倒」な現象も起き始めている。教育や街づくりを横断的に見渡した行政の先見性や戦略性が問われている。

多摩の文化施設、巨額改修費に批判殺到

住民の減少に伴って、利用が減っていく公共施設をどこまで存続させる必要があるのか。どこの自治体も公共施設を統廃合に踏み込む議論は活発にならず、現状維持が優先されがちだ。むしろ新たな公共投資によって、利用増が見込めない施設を延命させ、将来世代にもっと大きな負の財産を残しかねない事例も多い。

象徴的なケースを次に見てみよう。

2018年5月、小田急線や京王線が乗り入れる多摩センター駅から整備された遊歩道を数分歩くと、80段の大階段とギリシャ建築の神殿のような門が特徴の大型建造物が目に飛び

込んできた。東京都多摩市の複合文化施設「パルテノン多摩」だ。1400人以上収容できる大ホールをはじめ演劇や演奏を楽しめる施設を備え、1987年の開館以来、ニュータウンの住民らが集う場になってきた。

だが、30年以上が過ぎ、外から眺めても壁面の汚れなど老朽化が目立つ。市は地元の象徴的な施設を残そうと大規模改修工事の準備を進めてきたが、その実施をめぐってひと悶着起きた。

「改修に建設費と同じ金額がかかるのはおかしい」

「そもそも投資額に見合う需要があるのか」

2016年に市側が改修費を80億円と見積もると、金額の大きさや事前の説明不足に対して市議会や市民からの批判が殺到した。市は当初描いていた2020年の東京オリンピック・パラリンピック前の竣工を断念。計画を練り直すため、市議会での議論や市民との対話集会を重ねてきた。

市が2018年8月に公表した基本計画では、1階の工作室を市民に開放したり、4階に子育て支援スペースを設けたりするなど、より幅広い住民の利用を意識した設計図を示し

東京都多摩市の複合文化施設「パルテノン多摩」

た。市の文化施策担当者は「従来は文化活動に興味のある人しか来なかったが、そうではない人にも必要と感じてもらえる施設にしたい」と話す。

ただ、肝心の事業費は約80億円と当初金額から変更はなかった。市の担当者は「当初案より圧縮した部分もあるが、追加投資が必要な部分も出てきた」と釈明する。市側は十分な説明・議論は尽くしたとの立場で、２０２０年度の着工、２０２１年度中の再オープンを目指しているが、「結局、ガス抜きに時間を使っただけ」との批判も根強い。

税金の使途変更が過剰投資の温床に

多摩市が巨額投資に踏み切る背景には財政面の余裕がある。都心に勤める所得水準の高い住民が多く、普通交付税は受け取っていないのだ。

さらに2014年の国の制度改正により、公共施設やインフラの新設のみに使えた都市計画税を改修や更新にも回せるようになった。同市では、過去の都市計画税をため込んだ基金の残高が約50億円あり、このうち40億円弱を今回の改修工事に投じる。さらに残りの費用も同税で賄うめどが立った。

「全国的な公共施設の老朽化を見据えた制度改正の趣旨は間違っていないが、多摩市の場合は過剰なインフラ更新の温床になってしまった」。パルテノン多摩の改修問題を追及してきた遠藤千尋市議はこう指摘する。

大規模改修工事の費用対効果も未知数だ。一時は年60万人を超えていたパルテノン多摩の来館者数はここ数年、50万人台で頭打ちとなっている。収入で賄えない運営費は年4億円程度を市財政で穴埋めしている。市の担当者は「こうした公共の文化施設が赤字になるのは仕方ないが、運営コストはもっと抑える必要はある」と認める。

この30年間で多摩地域には文化施設が増えており、パルテノン多摩から15キロメートル以内に1000席以上のホールを持つ施設は10カ所もある。こうした環境変化を市側も認識していながら、巨費を投じて大型施設を温存する意義はどれだけあるのか。「より幅広い市民に必要と感じてもらう」という市の約束が十分に果たされなければ、自治体のエゴが巨大な箱物を延命させた事例として歴史に刻まれる。

公共施設の維持更新、財源は足りず

多摩市の事例を見ても分かるように、全国各地の自治体で必要とされる公共施設の維持更新費用は巨額だ。仮にすべての施設で対応するとなれば、自主財源だけでは賄いきれない。そのまま老朽化を放置するか、思い切って施設の閉鎖や統廃合に踏み切るしかない。

そもそも全国にはどれほどの公共施設が存在しているのだろうか。すべてを網羅した統計資料がないため、三菱総合研究所が2017年2月に取りまとめた「公共施設等改革による経済・財政効果に関する調査」に記されている2014年度の集計データ（市町村分、国と都道府県の施設は原則含まない）を借りることにしよう。

この調査によると、公営住宅が約142万戸と最も多く、集会施設が約16万カ所、公民館が約1万4000カ所、体育館が約6300カ所などとなっている。9年前と比べ保育所、小学校、公民館は1～2割減る一方で、図書館や公会堂・市民会館、博物館、体育館など文化・健康関連の施設は増加している。市町村人口100人あたりの延べ床面積は小中学校が最も大きく、公共施設全体の45％を占める。

総務省は公共施設の老朽化問題に対処するため、2014年4月に都道府県、市区町村の単位で「公共施設等総合管理計画」を策定するよう求めた。この計画には公共施設の現状分析と将来予測に加えて、更新、統廃合、長寿命化の方針などを盛り込む。公共施設を解体・集約するための地方債を発行する条件とし、2017年3月末までにつくれば費用の半分を補助することにしたため、2018年9月末現在で全体の99・7％にあたる1783団体が策定した。

多くの自治体で将来必要と見込まれる維持管理・修繕・更新の費用が、過去の実績よりも大きく跳ね上がることがはっきりと鮮明に示されることになった。

たとえば大阪市は耐用年数を65年と仮定して2015～45年度までの市設建築物の修繕・

建て替え費用を試算した。すると１９６０年代後半から１９７０年代につくられた施設の老朽化が進み、毎年５００億〜１０００億円規模の費用がかかり、年平均すれば７０４億円が必要になるという。しかし、２０１０〜14年度の平均は約３８０億円。これと比べて85％も多い費用が今後30年間にのしかかってくるのだ。

全国の自治体からこうした厳しい予測が軒並み明らかにされたが、具体的な再編・集約対策はほとんど講じられていないのが現実だ。長寿命化の対策を施して費用を抑制する案や、施設の総面積を減らす案などが盛り込まれているが、その対象施設やスケジュールは示されていないケースが多いのだ。

三菱総合研究所の川口荘介主席研究員は「費用を見える化した意味は大きいが、費用が足りないという現実を突きつけられて、立ちすくんでいるというのが実態ではないだろうか」と語る。その背景には、施設縮小に対する住民の反発を恐れる心理が働いているのだろう。

地方はすでに持ちこたえられず

しかし、背に腹は代えられない自治体もある。最近5年間に人口が10％以上減った２２０

市町村を対象にした日本経済新聞の調査では5～10年後にインフラの新設をやめる自治体が5割にのぼることが判明した。将来の負担増から早く解き放たれようとする動きが出始めたと言っていいだろう。

多摩川の源流部にある山梨県小菅村は２０１７年3月、旧校舎や公民館などの公共施設を減らす計画をまとめた。活用が見込めない施設は処分するのが柱で、建物の階数や面積を減らす「減築」にも取り組む。利用の乏しい村民プールなどが解体の対象になる見通しだ。公共施設を減らすのは更新などの費用が重くのしかかるため。維持・更新費は２０１７～56年の40年間で１６５億円。1年あたり4億円は村予算の投資的経費３・４億円を上回る。村の担当者は「人口減少に見合った対応が必要だ」と話す。

日本海に面した秋田県北西部の八峰町は公共施設の削減に着手した。２０１７年3月に「廃校は需要がなければ順次解体する」との方針を打ち出し、２０１７年度は老朽化した旧こども園など3施設を解体。統廃合した旧小学校2校も２０２０年度末までに使い道が見つからなければ取り壊す方針だ。１９７０年代に集中投資した施設が今後、一斉に更新時期を迎える。人口が２０４０年に４割減る見通しの中、このまま施設を保有し続ければ、

２０３５年度に約85億円の資金不足になるという。

地方で起きていることはいずれ都市部にも押し寄せてくる。公共施設のマネジメントに今から真剣に取り組むべきだ。

第4章

脱・限界都市の挑戦

千葉県佐倉市・ユーカリが丘の空撮写真

1　急成長を避けた街・ユーカリが丘

度重なる規制緩和で秩序を失った都市開発、成長を追い求めた末の街の「老い」、虫食い状に広がる空き家――。これまで全国の都市に潜んでいる不都合な現実を見てきたが、こうした限界を乗り越えるすべはあるのだろうか。

独自の発想で「脱・限界都市」に挑んでいる企業や自治体がある。それぞれの取り組みを通じて、私たちは学び、持続性のある都市づくりに役立てていかなければならない。

増え続ける人口

東京都心から東へ約40キロメートルのところにある千葉県佐倉市。京成本線ユーカリが丘駅を降りると、すぐそばにショッピングセンターやホテル、公共施設、スポーツジムなどが立ち並ぶ。多くの施設は天井のある通路で結ばれ、行き来がしやすい。遠方には一戸建ての住宅群が広がり、街を巡回する新交通システムが走っている。

中堅デベロッパー、山万（東京・中央）が開発するニュータウン「ユーカリが丘」。佐倉市全体では高齢化が進み、人口が減少し始めたが、ここは違う。1971年に開発着手、1979年に分譲を始めてから、一貫して人口が増え続けている。しかも、若い世代が多く移り住んでいる。世代のバランスがうまくとれ、街全体で老いるペースが緩やかなのだ。

ユーカリが丘の総面積は245ヘクタール。開発時の計画で掲げた人口目標は3万人で、現在は約1万8000人が住んでいる。当然、空き地も多く残っている。分譲開始から40年もたつのに、計画の6割しか達成していないのは、売れ行きが悪いからではない。山万の計算通りの結果という。

「1年間の分譲は200～300戸」。これが山万の鉄則だ。バブル景気がピークだった1990年秋、タワーマンション1棟が1日で売れた。「売れるときにもっと売りましょう」。営業担当にこう訴えられた嶋田哲夫社長は即座に、「山が高ければ谷は深くなる。売るのはもうやめよう」と答えた。営業部門はその年度の残る日々をひたすら研修で費やした。

なぜ、収益拡大の機会をみすみす逃すようなことをするのか。普通の企業ならこう考えてしまうだろうが、山万の理屈は違う。売れ行きが好調だからという理由で、短期間で売り切ってしまうと、入ってくる世代が似通ってくる。同じ時期に購入した働き盛りの世代が数十年後には一斉に高齢化して急速に街が老いてしまう。だから少しずつ売るというのだ。

嶋田氏は「自分たちがつくる街は将来も栄える街にしたい。そのために若い人をどう集めるか。そしていかに高齢者にも住み続けてもらうか。この2点をいつも考えている」と語る。「ゆりかごから墓場まで」を街全体で実現するために、じっくりと時間をかけて街を育てていく考えだ。

起源は繊維商社、常識にとらわれず

嶋田氏がこのような独特の開発思想にたどり着いた背景には、山万と自身のそれぞれの原体験がある。

1951年設立の山万はもともと繊維商社だった。嶋田氏もそのなりわいをするために1961年に入社したが、ほどなく転機を迎える。東京支店長をしていた1965年に取引先が倒産してしまったのだ。残ったのは売掛債権の担保として押さえていた横須賀市南部の山林だけだった。

山林をそのまま売っても資金は到底回収できない。現地は東京湾や相模湾を見渡せる場所。「ここに街をつくれば、人が集まってくるだろう」。山上から見晴らしのいい景色に感動して、嶋田氏は不動産開発事業に乗り出そうと決断する。「デベロッパー」という呼称がまだなかった時代だ。

曲折はあったものの資金調達はうまくいき、2万4000坪の山林を切り開くなどして5万坪に拡張。1968年に第1期の販売を始めた。ショッピングセンターやゴルフ練習場、テニスコートなどを整備し、当時としては画期的な街づくりだった。

嶋田氏は福井の村で生まれ、3～4世代が同居するのが当たり前の生活環境で育った。年に数回、父親に福井市に連れて行ってもらい、都会に対する憧れをずっと抱いていた。街に様々な都市機能が必要だという考え方の基礎となり、それを横須賀の開発で実践したというわけだ。

嶋田氏は「不動産の常識がないから、自分たちの頭で考えるしかなかった」と振り返る。一方で「不動産業のことを深く理解せず、当時はとにかく急いで売らないといけないという思いが強かった。その一方で売り切ったらどうすればいいのかという不安もあった」という。

横須賀での開発は1973年まで続くが、それより前に供給に過剰感が生じ、曲がり角を迎えていた。ユーカリが丘の話が舞い込んできたのは、そんなときだった。

自前主義貫き、新機軸繰り出す

当時は公害問題が深刻で、環境に対する意識が高まっていた時期だった。嶋田氏は佐倉市にまたがる水源豊かな印旛沼を眺め、この自然環境と共生する街づくりに挑もうと決意する。横須賀の開発では販売を急ぎすぎたという思いもあったので、じっくりと街づくりを進めることにした。東京都心や千葉市内に出向かなくても、街なかで買い物や娯楽を楽しめるように都市機能を集める手法に一段と磨きをかけた。

ユーカリが丘の開発手法や事業展開はかなりユニークだ。

まず、ニュータウン内にある分譲物件だけでなく、主要施設のほとんどが自前だ。最寄りの駅舎や新交通システムも自ら建設し、ホテル、保育所、老人福祉施設もグループで手がけている。警備会社の警備員が24時間常駐し、街をパトロールする拠点も自らそろえた。

黎明《れいめい》期の1970〜80年代は都市そのものを開発するデベロッパーは少なく、鉄道会社が沿線の街づくりに取り組むのが主流だった。逆にニュータウンを開発する会社が鉄道免許を取得するのは異例中の異例だった。

多様な世代に住んでもらう仕組みも編み出した。代表例が「ハッピーサークルシステム」という住宅の買い取り制度だ。

エリア内で住民が山万の分譲住宅に引っ越す場合は、既存の住宅を査定額の100％で山万が買い取る。山万は買い取った住宅を改修して、新築の7割程度の価格で中古住宅として販売するのだ。子どもが独立した夫婦が一戸建てから駅前のマンションに移り、若い世代が改修した住宅を買うといった好循環を生み出している。

木戸一郎取締役は「住宅だけでなく、ユーカリが丘の住民の人口構成もリノベーションできる」と、ハッピーサークルシステムの効用を説明する。

ユーカリが丘には駅前に山万が開発したタワーマンションも存在する。東京都心のタワマン群と異なるのが、1LDKから5LDKまで多様な間取りをそろえていることだ。設計段階から世代をミックスする明確な狙いがあったというわけだ。一戸建ての分譲も同じエリアでまとめて売るのではなく、あえて歯抜けの状態にして区画ごとに売る時期をずらしているという。そうすれば同じエリア内で多様な世代が共生する環境を生み出せるのだ。

「福祉の街づくり」構想、国の施策を先取り

ただ、ユーカリが丘もスピードは緩やかながらも、着実に高齢化が進んでいる。その備えとして打ち出しているのが「福祉の街づくり」構想だ。

約15ヘクタールの敷地に病院、診療所、老人ホーム、障害者施設、認知症患者が対象のグループホームを整備し、できるだけ自宅で暮らしながら、病気になったり、施設での介護が必要になったりすれば、入院・入所し、改善したらできるだけ早く自宅に戻れるようにする。すでに社会福祉法人や医療法人をグループに有しており、着々と整備を進めている。敷地には雑木林や竹林、大きな庭、畑などがあり、施設の利用者や訪問者の憩いの場となっている。

いま政府は住み慣れた地域で医療・介護・生活支援を継ぎ目なく提供する「地域包括ケアシステム」の整備を推進している。また、仕事をリタイアした高齢者が地域住民と交流しな

ユーカリが丘では「福祉の街づくり」構想を打ち出している

がら健康で活動的な生活を送り、必要に応じて医療・介護を受けられる「CCRC（Continuing Care Retirement Community）」と呼ぶ米国発祥の共同体を参考にした街づくりも支援している。

山万の福祉の街づくり構想はまさにこれらを先取りしたものといえる。グループホームでは同じ場所で学童保育も手がけている。当初は厚生労働省や千葉県に「高齢者がいる場所で子どもを遊ばせると事故が起きかねない」と反対されたが、多様な世代の交流を促すために必要な取り組みだとして実行に移した。

山万の嶋田哲夫社長

行政より早く世帯動向を把握

「家族の構成はほぼすべて把握している」。山万の木戸一郎取締役はこう断言する。分譲住宅の営業担当者が売り先の家族を最後までフォローし、一軒一軒の世帯構造やその変化を常に把握しているという。区画の平均年齢が上がり始めると、先述したように虫食い状になっている空き地に若い夫婦が好むような住宅を建てる。木戸氏は「行政より早く人口動態や世帯構造を把握できる。これが大いに街づくりに役立っている」と語る。

ユーカリが丘はこれからも進化する。このまま住宅地としてだけではなく、成田空港と羽田空港の両方にアクセスしやすい立地を生かして、オフィスを中心にした駅前再開発に乗り出すというのだ。木戸氏は「外国人にも住みやすい街にもしたい。世界の人から選ばれる街にしたい」と意気込む。

嶋田氏は「業界の常識はない方が、自分で考えて新しいことをやれる」と強調する。繊維商社からデベロッパーに変化を遂げる過程で、山万は多くの都市が直面している問題を予見し、独特の発想で乗り越えるすべを編み出した。不動産市況や景気の浮き沈みに振り回されることなく、むしろ成長の速度を制御した。その結果、今も山万は「2割配当を続けている」（嶋田氏）という。

本来、街づくりは50年、100年の計であるはずだ。官と民はともに目先の利益にとらわれた街づくりから脱却しなければならない。

2　団地再生の良案――空き室を分散型の高齢者住宅に

家族向け3DKをバリアフリー1LDKに

「すごくきれいな色使いね」「上達が早いわ」――。

2018年11月21日、小春日和の午後のひととき。愛知県住宅供給公社が管理する名古屋市北区の団地1階の一室に70代を中心にした女性5人が集まった。週1回のペースで開かれる「ニットカフェ」。編み物を教え合い、それぞれの作品を披露する。張りのある笑い声が

週1回のペースでサ高住の住民が集まる「ニットカフェ」

飛び交い、活気があふれる。

参加者に共通しているのは、見回りなどのサービス付き高齢者住宅（サ高住）「ゆいま～る大曽根」の住民ということだ。通常、新築のサ高住は建物全体が高齢者向けの仕様となっているが、ここは違う。団地で歯抜け状態に増えてきた空室を高齢者向けに改装して貸し出しているのだ。いわゆる「分散型サ高住」だ。2017年9月にオープンした。

高齢者向け施設を展開するコミュニティネット（東京・千代田）が分散型サ高住の事業を創出し、運営を担っている。ニットカフェを開いている場所は同社のフロント事務所。スタッフが常駐し、契約者の生活相談、病院や介護事業者の紹介、見回りなどを手がけている。ニットカフェはスタッフが契約者に呼びかけたのがきっかけだった。別の日にはマージャン同好会も開かれている。

ニットカフェの参加者のひとりは「一人暮らしが長く、息子の住まいの近くに移るためにサ高住を探していた。ただ、部屋が狭く、お風呂も共同で自由があまりないところが多い。体がまだ動くので、こういった場所がいいのよね」と語る。別の参加者は「老人ホームはお年寄りばかり。同じ世代ばかり集まるより、若い人とも交流できればいい」。サ高住の契約者が自治会の催しを手伝うこともあるという。

空き室を利用した分散型サ高住「ゆいま〜る大曽根」が入る名古屋市の老朽団地

11階建て４棟で構成する団地の中で、ゆいま〜る大曽根の住戸は2棟に点在し、計70戸を供給する。家族向け3DKをバリアフリーの1LDK（3タイプ）に改装したので専有面積は約50平方メートルと通常のサ高住と比べてもかなり広い。1975年に竣工した建物の外観は老朽化しているが、改修した住戸は真新しい。

家賃は6万3600～7万7000円。安否確認や生活相談に必要な3万7800円の生活サポート費（ひとり入居の場合）と5000円の共益費を加えても、部屋の広さの割に利用者の負担は低く抑えられている。2018年11月の時点で入居率は約8割だ。

新築サ高住は乱立ぎみ

サ高住は2011年の高齢者住まい法の改正で誕生した。ケアの専門家が日中常駐し、見回りと生活相談のサービスを提供する必要があるが、介護施設ではなく、あくまで住宅という位置づけだ。住民は看護や介護のサービスを受けるには別途、外部の事業者と契約を結ぶ必要がある。通常は看護・介護事業者はサ高住の1階などにテナントとして入居していることが多い。待機者が多い特別養護老人ホームの入居希望者を受け入れる動きが広がり、2018年10月時点で全国に23万6400戸が整備されている。

ただ、急速な普及には弊害も生じている。サ高住建設に対する補助金効果もあって、土地が安い都市郊外での新設が相次ぎ、開発のコントロールが効かなくなってきたのだ。賃貸アパートやシェアハウスのようにサブリースをテコにして、企業や個人にサ高住の建設をすすめる手法が広がっていることも背景にある。都市開発の専門家からは「サ高住の乱立が住宅の供給過剰を加速させかねない」との声も上がっている。

こうした問題を抱えているからこそ、空き室が増える老朽団地の再生とサ高住の供給を両立させるビジネスモデルは注目に値するのである。

コミュニティネットが分散型サ高住を実現したのは2014年12月。都市再生機構（UR）が持つ築40年以上の団地の空き室を改修し、「ゆいま～る高島平」（42戸）として供給を始めたのが最初だった。前例のない事業だったので、その3年前から行政や既存住民との協議を重ね合意を得ていった。自治体への登録も建物単位ではできなかったので、1部屋ずつこなしていったという。

分散型サ高住の利点は丸ごと1棟を新設するより費用が抑えられることだけではない。須藤康夫社長は「一般のサ高住はお年寄りしか住んでいない。しかし団地には幼稚園児も小学生もいる普通のコミュニティーだ。多様な世代の交流が生まれ、活気が生まれてくる」と強調する。

スーパー撤退の跡地に住民交流拠点

大曽根の団地でもこうした考え方は浸透している。その象徴が団地1階から数年前に撤退したスーパーの跡地で2018年3月に開所した地域交流拠点「ソーネＯＺＯＮＥ（おおぞね）」だ。

カフェやショップ、多目的ホール、資源買い取りなどの機能を備え、高齢者や障害者がともに働いている。運営しているのは地元のＮＰＯで、住民以外の利用もさかんだ。分散型サ高住によって再生した団地が核となって地域の活性化、交流の輪が広がることにつながっている。

もちろん分散型サ高住による団地再生にも課題はある。築30～40年以上の老朽団地は共有部分も傷んでおり、大型補修をしないと新しい入居者はいやがるケースも多いという。改修工事の音が響くので隣の住民の理解も必要だ。まとまった数の空き室を確保する必要もあ

スーパー跡地を活用した交流拠点ではカフェやショップが入る

る。須藤社長によると「1カ所あたり60戸前後を供給しないと採算は取りにくい」と明かす。

コミュニティネットは２０１８年11月に名古屋市の別の団地で分散型サ高住17戸をオープン。団地1棟をまるごと再生する事業にも取り組んでおり、山梨県都留市では古い団地2棟をすべて改修して80戸のサ高住にする予定だ（２０１９年夏開設予定）。

今のところはコミュニティネットに追随する目立った動きは見られない。「手間がかかる割には、それほど利益は上がらないからだろう」と須藤社長は語る。コミュニティネットは有料老人ホームなどを含めた全体の売上高は２０１７年度で13億７４００万円。最終損益は数百万円の黒字で無借金経営だという。これから団地再生のノウハウを蓄積していけば、収益率の向上が期待できるだろう。

少子高齢化と団地の老朽化という大きな波は避けようがないが、その衝撃を和らげ、乗り越えるためのヒントはいくらでもある。コミュニティネットの団地再生のノウハウは一戸建ての空き家対策にも役立つはずだ。自治体と企業、住民が一体となって知恵を絞っていく必要がある。

3　空き家再生に成功した旧東独の街・ライプツィヒ

手始めは建物の撤去

人口減による空き家の増加に悩んでいるのは日本の都市だけではない。限界都市からの脱却を目指す海外の事例から学べることもあるのではないか。そう考えた記者は整然として美しい街並みに定評のあるドイツに飛んだ。

ドイツの首都、ベルリンから特急で1時間半ほど南下した場所にあるライプツィヒ。旧東独の主要都市のひとつで、作曲家のバッハが長く活動拠点とするなど、文化・芸術の都として知られる。地元のニコライ教会を起点としたデモ行進がベルリンの壁崩壊につながり、東西ドイツの統一という歴史的な出来事においても重要な役割を果たした。この街が一度は衰退の憂き目に遭い、奇跡的な復活を遂げ、そして今、新たな難題に直面している。

冷戦後のライプツィヒでは、より豊かな旧西独の都市や地価の安い郊外部への住民の流出が進んだ。人口は1989年から10年ほどで約10万人（2割）減り、住宅需要も落ち込んだことで、2000年前後の空き家率は20％強に達した。旧東独時代から更新投資に十分なお金が回らず、住宅の老朽化も深刻な問題になっていた。

「建物を撤去して緑地のまま残すか、駐車場にするか、あるいは誰かに貸し出すのか……。当時は未活用の空き家をどのように扱うのかを常に話し合っていた」。ライプツィヒ市役所で都市計画を担当するユルゲン・ザオアーアイゼン氏はこう振り返る。

空き家が増え、スプロール化した街を立て直すため、まず行政側が取り組んだのは利用価値の乏しい建物の撤去だ。

都市政策が専門でドイツの街づくりにも詳しい龍谷大学の服部圭郎教授によると、東西統一後のドイツでは旧東独の都市再生を支援するため「シュタットウンバウ・オストプログラム」と呼ばれる事業が始まった。

柱のひとつが空き家などを撤去するための補助金で、ライプツィヒでも1万戸以上が解体された。空き地の所有者が市と協定を結び、緑地の維持管理の見返りとして固定資産税の減免を受ける措置も講じられた。

空き家をタダで貸し出し

「歴史的建造物を安易に壊していいのか」。空き家の解体が進むにつれ、市民からはこんな反発の声も上がり始めた。空き家には築100年を超すような物件もあり、地域のアイデンティティーが失われるとの懸念が広がったのだ。

空き家を壊さずに残しつつ、所有者の維持管理費の負担を軽くする方法はないだろうか。こうした問題意識から2004年に生まれたのが「ハウスハルテン」と呼ばれる空き家の所有者と利用者をつなぐ民間団体である。

ユニークなのは空き家の利用者が水道光熱費のみを払い、家賃はタダで使えるようにした点だ。内装のリノベーションも原則、利用者の自由で、ハウスハルテンが工具を貸し出したり、工事の助言をしたりする。所有者は家賃収入が見込めないものの、当面使い道のない物件の「家守《やもり》」を利用者に託せるメリットがある。

「クリエーティブな空き家の使い道を考える中で、利用者と所有者が折り合える点を見いだした」。ハウスハルテン職員のマグダレーナ・ブレーデマン氏は取り組みの意義を強調する。ハウスハルテンが仲介した空き家は住まいのほか、せっけんや香辛料をつくって販売したり、映画の上映やディスカッションなどのイベント空間にしたりと、多種多様な使われ方をしている。ハウスハルテン以外にも空き家仲介を手がける団体が誕生しており、行政側もこうした団体を支援するなど、官民を挙げて空き家活用に取り組んでいる。

「日本の家」で異文化交流

2018年11月22日の夜、ライプツィヒ中央駅から路面電車で東へ10分ほどのアイゼンバーン通りの一角を訪ねた。古ぼけた建物の玄関口に「Das Japanische Haus」と書かれた看板が立っている。薄明かりの室内をのぞくと、氷点下の外気とは対照的に、ビールやワインを片手に談笑する人々の熱気に包まれていた。NPOの日本の家（ライプツィヒ市）が主催するイベント「ごはんのかい」の一コマだ。

ライプツィヒにおける空き家活用の代表例のひとつが、実は日本人の若者の手によるものだということはあまり知られていない。

日本の家はまちづくり活動家の大谷悠氏（東大大学院生）や建築家のミンクス典子氏が中心となって2011年に立ち上げ、空き家をイベントスペースに改造。参加者が料理や食事をともにする「ごはんのかい」を週2回開くほか、美術作品の展示会やミニコンサートなど各種イベントを催している。現地在住の日本人やドイツ人だけでなく、各国からの旅行者や中東などからの移民・難民まで集い、地域のにぎわい創出に一役買っている。

記者が参加したごはんのかいでは、常連の日本人によってお好み焼きが振る舞われた。「食事もおいしいが、この場にいるみんなとコミュニケーションを取れるのが一番の楽しみ」。参加していたシリア人のウサマさん（35）はこう話す。

大谷氏によると、イベントに集まってくるのは①時間がある②誰かとつながりたい③面白いことを探したい――といった思いを持つ「暇人」で、彼ら彼女らが盛り上げ役になってい

ライプツィヒでは空き家の利用がさかんだ

NPO「日本の家」が主催する食事会には多くの人が集う

るという。「ライプツィヒでは、不動産市場に見捨てられた物件（空き家）で暇人が何かを始めることで、街が面白くなった。空き家や空き地は、人々が社会と接点を持てる場として有効活用すべきだ」と訴える。

人口増加率でトップに

東西ドイツの統一後に旧東独の都市で最大の人口急減に見舞われたライプツィヒは現在、急速に人口が増えている。２０１７年末の人口は59万人を超え、１９９９年の合併で約５万人増えた影響を除いても、統一後に失った人口をほぼ回復した。龍谷大の服部教授によると、２０１６年までの５年間の人口増加率は12％と２位のフランクフルトの８％を抑えてドイツの都市で最大だった。

人口増のけん引役は若者と移民・難民を中心とする外国人だ。１９９０年代末から２０００年代にかけてポルシェやＢＭＷ、国際物流大手ＤＨＬなどの誘致に成功し、雇用の場が生まれたのも一因だが、ライプツィヒ市のザオアーアイゼン氏は「空き家を活用して芸術家たちが展示会をするなど街の魅力が高まり、若者がひき付けられている」と分析する。

ライプツィヒ市の人口は2000年代に入り、増加に転じた

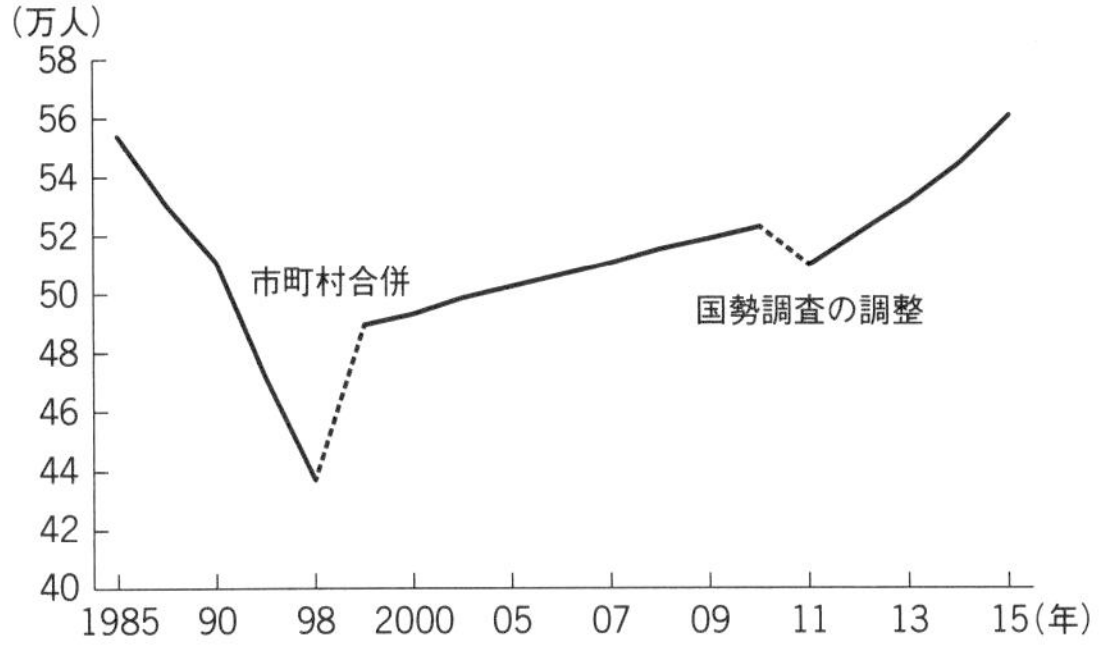

（注）市の統計資料をもとに作成

ライプツィヒ市の空き家率は低下が続く

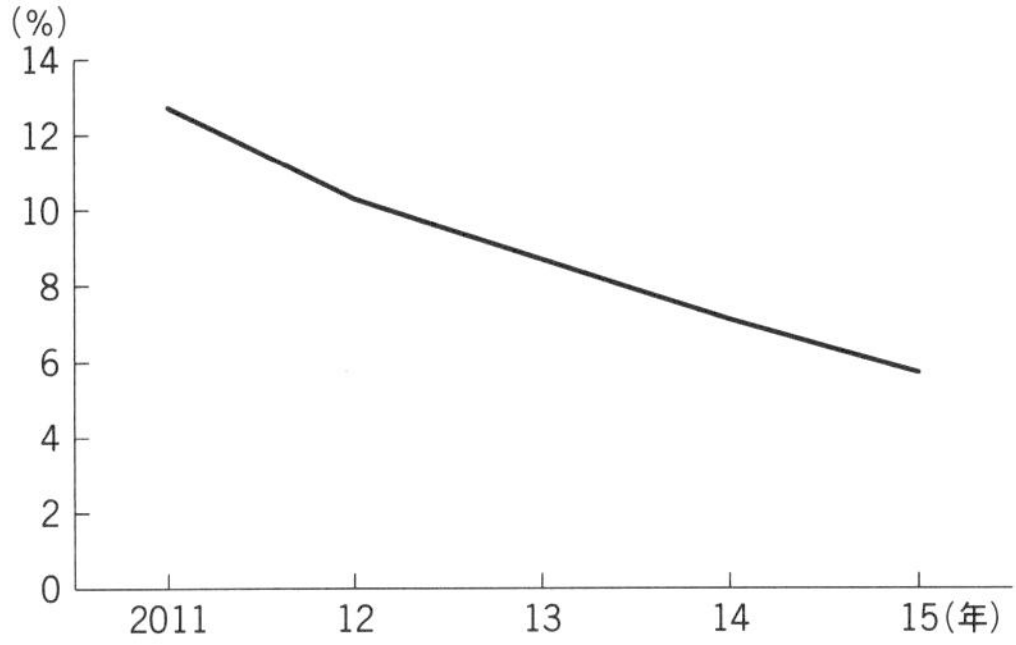

（注）市の統計資料をもとに作成

人口増に伴う住宅需要の高まりを反映し、20％を超えていた市内の空き家率は5％近くまで低下した。地価上昇で固定資産税が大幅に伸びるなど、市財政にも追い風が吹く。

ライプツィヒの変容を長年観察してきた龍谷大の服部教授も驚きを隠さない。「空き家が問題だったのに、今や『空き家は壊すな』という話に変わった。こんな事態は数年前まで誰も予想していなかった」

既存住民の「追い出し」懸念

人口流入で街が活性化し、不動産市況も回復したライプツィヒだが、華麗な復活劇の陰で副作用も表れ始めている。「ジェントリフィケーション」への懸念だ。

これは都市の衰退地域に再開発などで中高所得層が流入する現象のことで、急激な地価や家賃の上昇によって既存住民が住み続けられなくなるリスクをはらむ。無料や格安の家賃で空き家を活用し、街の魅力向上に貢献していた人たちが締め出されるという皮肉な構図だ。

「昔は空き家を使いたい人がいればすぐに借りられたが、今は所有者が新しいビルに建て替えた方がもうかると考えるようになった」。ハウスハルテンのブレーデマン氏はこう話す。

仲介する空き家も無料ではなく、安い家賃で無期限に貸し出す形式にシフトしているという。

ライプツィヒ市もジェントリフィケーションの問題は認識しており、対策を打ち始めている。ザオアーアイゼン氏によると、市が空き家のリノベーション費用の一部を補助する代わりに利用者が10年間は一定額で借りられるようにしたり、特定の物件への投資マネー流入を抑える条例を準備したりしているという。もっとも、不動産投資への規制が強すぎると街の魅力を高める再開発の動きも止めかねず、税収にも響いてくるため、さじ加減は難しい。

「人口が増えたからといって都市問題が解決するわけではなく、むしろ問題が複雑化する」。日本の家の大谷氏の実感だ。ライプツィヒの経験は「脱・限界都市」の歩みに終わりはないことを教えてくれる。

4　街の集約と広域連携に成功した独フライブルク、ルール地方

車依存からの脱却がカギ

ドイツ南西部でフランスやスイスとの国境にも近いフライブルク。人口23万人の中堅都市だが、都市計画や環境政策の専門家の間では知られた街だ。

理由は中心街の移動手段を路面電車や自転車、徒歩に限定し、自動車は極力排除している点にある。公共交通を中心とする街づくりは欧州の多くの都市が採用するが、フライブルクほど徹底している街は珍しい。実際、石畳のまちなかを歩くと、色とりどりの路面電車がひっきりなしに行き交う様子を目にする半面、車はまばらに見かける程度だ。

興味深いのは、フライブルクが昔から現在に至るまで一貫して車を排除してきたわけではなく、かつては中心街が車であふれていたことだ。

「1960年代後半は渋滞と駐車場不足が深刻な問題になり、まちが窒息しかかっていた」。こう解説するのは、現地在住のジャーナリストで日本の自治体向けにまちづくりの助

路面電車、自転車、徒歩が主な交通手段のフライブルク

言業務も手がける村上敦氏だ。

　村上氏によると、フライブルク市は当時、渋滞対策として試験的に歩行者天国を導入したが、中心街の小売店主らは「車が入ってこないと売り上げが減る」と猛反発したという。ところが、車の進入規制で歩行者の回遊性が高まり、街の活気が戻り始めると、懸念も後退していった。

　フライブルクは中心部に学生２万５０００人の大学を抱える学園都市でもある。知識人の間で１９８０年代に高まった環境保護の観点からも、車に依存しない街づくりを進めやすかった。同市は総合交通計画を改定するたびに公共交通中心の街づくりに傾斜し、半世紀もの時間をかけて今日のコンパクトシティーを築いていった。

公共交通の充実で街のコンパクト化を目指す日本の地方都市にとってもフライブルクの取り組みは注目の的で、多くの自治体関係者が視察に訪れる。だが、こうした人々の中には次世代型路面電車（ＬＲＴ）の整備など大型投資をすれば中心街への集約を進められると幻想を抱く向きも少なくない。

「時間あたりの移動距離は徒歩や自転車より車の方が長くなる。車移動が前提になると、必然的に都市の範囲や骨格も大きくなってしまう」。フライブルクで勤務経験があり、現在はＰｗＣアドバイザリーで都市開発のコンサルティングを担う石井亮氏はこう話す。「日本の地方都市は『車がないと不便』という状況から抜け出せておらず、これではコンパクトシティーにはなり得ない」

村上氏も「まちなかの人口密度が低いまま、交通網だけ整備しても意味がない」と指摘する。持ち家志向が強く、郊外の戸建て人気が健在の日本の地方都市では、まだ真のコンパクトシティーを実現する道筋は見えない。

補助金条件に「隣町との協力」

ドイツの街づくりで日本にも参考になり得る事例をもうひとつ紹介したい。西部の大都市圏であるルール地方の自治体による広域連携だ。

域内人口が５００万人を超すルール地方は、ドルトムントやボーフム、エッセンといった都市を抱える重工業地帯で、以前は近隣都市同士の競争意識も強かった。だが、主力の鉄鋼業や炭鉱業は戦後に競争力を失い、１９７０年代以降は炭鉱閉鎖による高失業率と人口流出に悩まされることになる。

転機となったのは１９９０年代に取り組んだ「ＩＢＡエムシャーパーク」と呼ばれる都市再生プロジェクトだ。

事業の主目的は工業汚水を受けてきたエムシャー川流域の環境再生と、製鉄所や炭鉱の跡地を公園などに生まれ変わらせる再開発だったが、都市単独ではなく地域全体を底上げするための仕掛けがあった。

「国が補助金を出す条件のひとつに『隣町との協力』が盛り込まれたことで、自治体間で話し合う土壌が育まれた」。独アーヘン工科大学教授で都市問題や住宅開発が専門のヤン・ポリーフカ氏はこう説明する。

ＩＢＡをきっかけに、自治体をまたいで影響が及ぶテーマを「地域の問題」として議論するようになったという。たとえば１９９０年代には域内の都市で大型商業施設の建設案が浮上した際に、商圏が重なる近隣都市を交えた調整が行われた。

ＩＢＡが終了した今も市長同士は定期的に意見交換し、国への要望ではタッグを組む。「自治体間の連携は自発的には起きにくく、環境を整えてあげるのが国の仕事だ」とポリーフカ氏は語る。日本の自治体にも根強く残る「利己主義」や「自前主義」のワナから抜け出すには、広域連携が有利になるような制度設計に知恵を絞る必要がある。

あとがき

「合成の誤謬」という言葉がある。それぞれの個人にとって良いことでも、全員が同じことをすると意図せずに悪い結果を生んでしまうことを意味する。たとえば、個人が将来に備えて貯蓄することは良いこととされるが、国民全員が財を蓄えることに熱心になりすぎると消費が減り、経済全体に悪影響を及ぼす。このように説明されると、多くの人は「木を見て森を見ず」の危うさに思いをいたすだろう。

私たちが市街地再開発や老朽マンション、コンパクトシティーなどの取材を通じて痛感したのは、まさに都市問題には合成の誤謬が凝縮されているということだった。

再開発を通じてタワーマンションが乱立するのは、デベロッパーにとっては収益性が高く、自治体は住民を一気に増やせるからだ。コンパクトシティー政策を掲げながら郊外の開発規制を緩和しているのも、住民を呼び込んで税収を増やすことを優先している証左である。ミクロの視点による経済合理性の追求が都市の拡散とムダな投資につながり、長期的には国全体で「都市のスポンジ化」という荒廃の道をたどることになる。

東京都心でも一部の地域ではマンションの潜在的な在庫が積み上がってきているといわれる。２０２０年の東京オリンピック・パラリンピック後の景気、不動産市況がどう転変するのかを正確に言い当てるのは難しい。しかし、確実に言えるのは今後、日本の人口は減少し、都市密度が薄まっていくということである。

この不都合な未来に気付いている人はいるのに、なぜ拡大路線が止まらないのか。ある識者が「永田町に『都市族』はいない」と語ったことがある。「建設族」や「道路族」と呼ばれる政治家はいるのに、である。ビルや道路、公共施設は短期間でつくることができ、受益者も分かりやすい。だから利益を誘導しやすく、政治家としては腕のふるいどころだ。街づくりが秩序を失っているのは、このような目先の利益を追求しているからだ。

だが、都市開発は複合的に要素が絡み合い、10年、20年、50年の計となる。数年ごとに選挙をこなす政治家にとって、必死になって都市問題に取り組んでも得することはないのだろう。成熟した都市を持続させる方法に早くから頭を悩ませていたある国土交通省ＯＢは「孤独な仕事だった」とつぶやいた。

いま全国で老朽インフラ問題が深刻になっている。災害に強い基盤をつくる「国土強靱化」が叫ばれ、その対策に予算が上積みされた。もちろん、必要なインフラには補修や建て替えに公費が投じられるべきだが、それに乗じて、それほど必要でもない場所に新たなインフラがつくられはしないだろうか。

これからは人口が減っていくことを前提にした都市のありようを探らなければならない。老いた建物を放置したまま、新しい建物をつくることにもっと抑制的にならなければならない。空き家の活用、老朽マンションの円滑な建て替え、公共施設の統廃合――。足し算ではなく、引き算の政策、事業のモデルケースを少しずつ積み上げていく必要がある。

都市の自然資本への投資も欠かせない。かつては、公園や緑地の規模を維持するために開発を規制するのは経済成長にマイナス効果をもたらすと考えられていた。ところが京都大学の諸富徹教授によると、自然資本が豊かな都市ほど住宅価格が高くなっていることが明らかになっているという。自然が生活の質を高め、人々の生産性を高めるからだ。持ち主不明の古い空き家を取り壊して小さな公園や農園に変えたり、水辺を整備して人々が集う魅力的な空間にしたりすることが都市の価値向上につながるとしたら、それを公共政策として打ち出すのも一案だろう。

日本はいまだに「新築志向」から抜け出せずにいる。新築は経済波及効果が大きいという理屈が通っているが、住宅や施設の供給過剰状態をどこまで許容できるかをもっと冷徹に考えればおのずと取るべき道は決まってくるのではないだろうか。

これからは私たち一人ひとりが合成の誤謬に陥らないよう、自らが住む街の将来像を思い描かなければならない。既成概念を脱した発想による都市開発や街づくりで富を生み、成長をけん引する。新たな好循環が生まれてくれれば、日本の都市は持続力を一気に高められる。こうした取り組みに政府、自治体、政治家、企業、住民の多くが挑み、成功に導いてくれることを祈念して、本書の結びとしたい。

「限界都市」取材班

鷺森　弘
藤原隆人
斉藤雄太
学頭貴子
島本太郎
澤　紀彦
桜木浩己
嶋田航斗

日経プレミアシリーズ 396

限《げん》界《かい》都《と》市《し》 あなたの街《まち》が蝕《むしば》まれる

二〇一九年二月八日 一刷

編者 日本経済新聞社

発行者 金子 豊

発行所 日本経済新聞出版社
https://www.nikkeibook.com/
東京都千代田区大手町一―三―七 〒一〇〇―八〇六六
電話 (〇三)三二七〇―〇二五一 (代)

装幀 ベターデイズ

組版 マーリンクレイン

印刷・製本 凸版印刷株式会社

ISBN 978-4-532-26396-6 Printed in Japan

日経プレミアシリーズ 340

不動産格差

長嶋 修

アベノミクスや東京五輪の恩恵を受ける物件はほんの一握り。大半の不動産は下がり続け、全国の空き家比率は3割に向かう。あなたのマイホームや両親の家は大丈夫ですか?――。人口減、超高齢化時代における住宅・不動産の見極め方、つきあい方を教えます。

日経プレミアシリーズ 383

100年マンション

長嶋 修

目指すは「100年マンション」――。あなたの住むマンションが、資産性を維持しつづけるか、限りなく価値ゼロに向かうかは、ひとえに「管理状態」で決まる。不動産業界のご意見番で、「建物調査」のトップランナーが、管理組合の運営から、大規模修繕計画のつくり方、管理会社や工事会社とのつきあい方、選び方まで指南。

日経プレミアシリーズ 388

どうする地方創生

山崎史郎・小黒一正

いまだ「道半ば」の観もある地方創生。何が障壁になっているのか。事業の優先順位が絞れない、担うべき人材がいない、運営する組織が構築できない……。2020年から始まる第二期に向けて、どう課題を克服して、事業を展開していくのか。初代の地方創生総括官をはじめ、研究者、実務家、行政官などの有力識者が、成功事例の紹介もまじえ徹底討論する。

日経プレミアシリーズ 390

平成政権史

芹川洋一

すべては1989年からはじまった。自民単独政権の終焉、バブル崩壊、湾岸戦争、人口減少、ネット経済の勃興……。いまにつらなる平成30年間の激動のなか、日本の政治は何をしてきたのか。長く取材を続けるジャーナリストが、当時執筆した記事も織り込み紡ぐ、全10編の政権物語。

日経プレミアシリーズ 385

投資のプロはこうして先を読む

馬渕治好

世間には様々な投資情報があふれている。膨大な情報をどう活用すればよいのか。マクロ経済、為替、株式投資指標、外国人投資家動向など様々な切り口から、マーケットの先を読む情報の見方、使い方をわかりやすく解説。国内外の情報の収集・分析を日々行うアナリストが、定説や常識に惑わされないノウハウを指南する。

日経プレミアシリーズ 389

あぶない家計簿

横山光昭

月40万円や50万円以上の収入があるのに毎月赤字、貯金がわずか……そんな「隠れ貧困」の家庭が今日立ってきています。なぜ〝あぶない家計〟になるのか。会話ゼロで家計がブラックボックス化、妻の浪費癖を止められない、「子どもの教育のため」で老後資金ゼロ、無理なローンで破綻寸前など実例をもとに人気FPが紹介。陥りがちな落とし穴を指摘し、家計改善のヒントを紹介します。